現場のプロから学ぶ

CSS
コーディングバイブル

CSSとSassの基本と設計、実装テクニックまで

田村 章吾 著

マイナビ

本書のサポートサイト

本書のダウンロードファイル、補足情報、訂正情報などを掲載します。適宜ご参照ください。

https://book.mynavi.jp/supportsite/detail/9784839974824.html

はじめに

私がコーディングをする時に心がけているのは、デザインデータの先に、依頼してくれたお客様がいるということを忘れずにいることです。

コーディングとは、デザイナーと協力して一緒に Web サイトを作りあげていく作業だと考えています。

よりよいサイトにするため、デザイナーと相談して仕様を決めたり、デザインツールでは表現できていても実際にコーディングすると実現するには難しいデザインであったり、管理のコストを考えると統一した方がよい隙間など意見を交換し合ったりすることも多々あります。

その際、正しい CSS の知識があれば、提案がスムーズにできたり、いくつかの筋道を考えることも可能となりサイトの可能性も広がります。さらに、修正しやすい CSS 設計は、お客様の希望を叶える Web サイトを作る近道であると考えます。

Web サイトをコーディングする上で、必要な知識はたくさんありますが、最初からすべて覚えていないと制作ができないというわけではありません。

実際には、さまざまなサイトをコーディングしていきながら、悩み調べて身につけていくことになるでしょう。

とはいえ最初に覚えておきたい必要なポイントもあります。

本書はなるべく実際に案件に近い形でサンプルコードを作成し、制作時に抑えておきたいポイントをまとめています。

Web 業界の技術のスピード感は早いと言われますが一度スピードに乗ってしまえば、技術のキャッチアップもスムーズに行えるようになります。

本書を読むことで早い段階で「現場で使えるスキル」が身につき、さらにステップアップができるでしょう。

この本が、コーダーを目指す皆様の道しるべとなりますよう、願ってやみません。

本書の執筆にあたっては、多くの方々に協力をいただきました。

本書の出版の機会をいただいたマイナビ出版の角竹さん、三馬力の樋山さん、HAMWORKS の長谷川さん、レビューに協力いただき私の Web の先生でもある、ひとつぶの空の高木さん。

また、執筆の環境を整え相談にも乗ってくれて、プライベートにおいても全面的にサポートをしてくれた妻、息子に感謝いたします。

2021 年 7 月　田村 章吾

Contents

Contents

01

CSSの基本と設計

1
2
3
4

Web 制作において CSS は最もよく使う技術のひとつと言えます。

まずは CSS とは何か、どう使うのか、使うことによって HTML がどのように変わるのかを一緒に見ていきましょう。

この章では、CSS の基本の書き方から始まり、その問題点を確認し、注意事項について解説します。

章の後半には、CSS の設計の重要性について解説しています。

CSS について理解が深まれば、自分なりのベースコーディングルールを作る道しるべとなるでしょう。

CSSとは

1-1-1 Webページに含まれる要素

まずは普段見ている Web ページがどのような技術で構成されているか見てみましょう。

Web ページを構成するもっとも基本的な文法に HTML があり、装飾を担当する CSS と主に動きを担当する JavaScript、サーバーサイドで動作する PHP などがあります。

①ページを要求する

https://masizime.com

クライアント　ウェブのましじめ　サーバー

②HTML、CSS、画像などを返す

Web ページが表示するまで

HTML

HTML とはハイパーテキストマークアップランゲージ（HyperText Markup Language）の略であり、Web ページの文書構造を定義するマークアップ言語です。

HTML は Web ページの基本となる言語で私たちが普段見ている多くのサイトに HTML が使用されています。ハイパーテキストとは Web ページから別のページや同じ Web サイト内でリンクを貼ることで関連する情報同士を結びつけています。HTML のマークアップとは、テキストや画像など加えた文章を適切にブラウザで表示させるために html、body、head、haeder、p、ul など特殊な要素を使用して文章に構造と意味を与えることを言います。

例えば Web ページに見出しや段落、画像などを入れたりすることができます。

HTMLの利用例

```
<h2>タイトル</h2>
<p>テキストテキストテキストテキストテキストテキスト<p/>

<h3>タイトル</h3>
<p>テキストテキストテキストテキストテキストテキスト<p/>

<img src="sample/img.jpg">
```

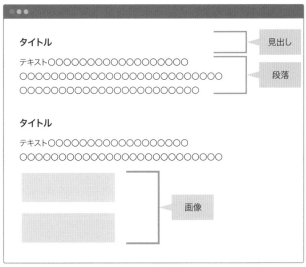

文書の構造を定義してブラウザで表示することができる

3

CSS

CSS とはカスケーディングスタイルシート（Cascading Style Sheets）の略であり HTML に装飾を与え見やすくするための文法です。

HTML のみの場合、シンプルな文書ですが、CSS を使うことでレイアウトや文字の色、背景色など、さまざまな調整が可能です。

HTML と同様に多くのサイトで使用されています。

例えば見出しに装飾をつけたり、フォントサイズを変更したり、画像をカラムレイアウトにすることができます。

CSSの例

```
h2 {
    border-left: 5px solid #43688B;
}

h3 {
    border-bottom: 1px solid #43688B;
}
```

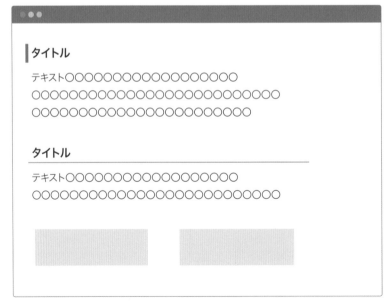

HTML に装飾を追加することができる

JavaScript

JavaScript とは HTML や CSS と連携して Web ページに複雑な動きや機能を追加できるプログラミング言語です。

標準化団体の ECMA International により標準化されている ECMAScript がベースとなっています。

主にブラウザで使用される言語でしたが、現在はブラウザ以外でも Node.js と呼ばれるサーバーサイドで動作する JavaScript もあり用途も幅広く使用されています。

例えば HTML の特定の要素がクリックされた場合に変更を加えたり、カルーセルのように画像が切り替えるなど Web ページに動きを追加することができます。

JavaScriptの例

```
const element = document.querySelector("#element");
element.addEventListener("click", () => {});
```

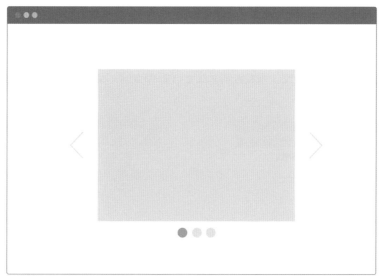

カルーセルなどの動きを加えることができる

PHP

PHP（Hypertext Preprocessor）はサーバーサイドで動作する代表的なプログラミング言語で、多くの Web サービスで使用されています。

静的なページである HTML や CSS をクライアントとサーバーの間で通信をすることで動的なページを作ることができます。例えば、見出しにデータベースから取得した内容を表示したい場合や、CMS とよばれるコンテンツ・マネジメント・システムである a-blog cms、Drupal、WordPress なども PHP で動作しています。

クライアントサイド・サーバーサイドの技術

Web サイトを構成する技術はこのように大きく Web ブラウザのみで動作する技術とサーバーとデータ通信をして動作する技術で分類することができます。

HTML、CSS、JavaScript は Web ブラウザで動作する技術になりクライアントサイド、フロントエンドと呼ばれています。

PHP などサーバーで動作する技術をサーバーサイド、バックエンドと呼ばれています。これらの技術を組み合わせることで、現在表示されている Web ページが作られているのです。

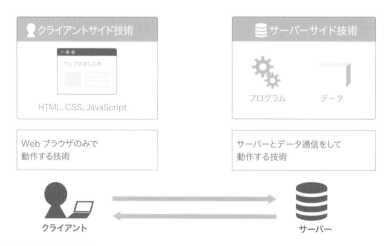

クライアントサイド・サーバーサイドの技術

1-1-2 CSSを取り巻く技術情報

Web標準(Web Standards)

ここでおさらいとして Web 技術仕様から見ていきましょう。

突然ですが Web 標準(Web Standards)という言葉があります。

Web 標準とは Web の技術を誰もが差し障りなく利用できるようにすることで、W3C(World Wide Web Consortium)という Web 技術の標準化を行う国際的な非営利団体によって標準化されています。

W3C は Web の考案者であるティム・バーナーズ=リーによって組織されました。

W3C の仕様は、目的ごとに設立されたワーキンググループ(Working Group)が策定しています。

また、W3C が作成する策定にはいくつかのプロセスがあります。

初期草案から始まり、標準化作業が完了した最終段階を W3C では勧告と呼んでいます。

W3C で勧告されるとその Wdb 技術は標準化され安定して使える技術となったと認められたということになります。

このように W3C で勧告され、Web 技術で標準化されたものを一般的に、Web 標準(Web Standards)と呼びます。

また、勧告となってからその仕様が使われ出すというわけではなく最新の Web ブラウザは段階的にサポートを進めており、勧告される前の勧告候補の仕様でも使用可能になることもあります。

では、CSS はどうでしょうか。

CSSの歴史

CSS では CSS Working Group というワーキンググループのメンバーによって仕様が策定され、ウェブブラウザ間で標準化されています。

CSS1 は 1996 年に定義されました。

非常にシンプルで HTML のタグに直接記述するスタイル属性などが定義されたもので、全体の仕様も 1 ページの HTML で収まる程度だったようです。

1998 年に CSS2 となり、仕様もより厳密に定義されましたが、曖昧な部分が多く、CSS2 準拠を目指すブラウザ同士で、一部の解釈が異なるなど標準に準拠していない部分が存在していました。

さらに仕様全体が大きくなったことにより、いくつかの策定中の機能を待つために、問題のない機能の仕様標準化が遅れてしまいました。

こういった多くの問題があり CSS2 のままでは解決が難しくなりました。

そこで、CSS2 の曖昧な記述を明確にするために改良版として CSS2.1 が定義されました。

現在 CSS3 と呼ばれるものは CSS2.1 の仕様を基本としています。

また CSS2 のように問題のない機能の勧告を遅らせないように CSS の仕様を複数のモジュールにして分割し、それぞれを独自に改訂していくことになりました。

したがって CSS3、CSS4 といったそのものを定義した仕様はなく、CSS2.1 以降は CSS レベル 3 という形になっています。

また、CSS はバージョン 1、バージョン 2 といったバージョニングで管理されておらず、CSS レベル 1、CSS レベル 2、CSS レベル 3 という互換性を保った形でレベル管理されており現在 CSS レベル 3 とされています。

互換性を保つというのは以前の記述はそのまま使用可能であるということです。

ですので新しく追加されたプロパティを使いたい場合、今使っている CSS ファイルに新しいプロパティの記述を追加するだけで使用できるということです。

実際に CSS の装飾を確認したい場合は Firefox のメニューバーから表示＞スタイルシート＞スタイルシートを適用しないを選択してみます。

CSS の適用されていない HTML を確認でき、Web サイトで CSS によりさまざまな装飾がなされていることがわかります。

CSSの書き方

1

1-2-1 基本の書き方

CSS は HTML を見やすく装飾するためのものですが、どのように装飾をしているのでしょうか。CSS の書き方を見てみたいと思います。

```
<p class="text">木曽路はすべて山の中である。あるところは岨づたいに行く崖の道であり、あるところは数十間の深さに臨む木曾川の岸であり、あるところは山の尾をめぐる谷の入り口である。一筋の街道はこの深い森林地帯を貫いていた。</p>
```

このコードは次のように表示されます。

木曾路はすべて山の中である。あるところは岨づたいに行く崖の道であり、あるところは数十間の深さに臨む木曾川の岸であり、あるところは山の尾をめぐる谷の入り口である。一筋の街道はこの深い森林地帯を貫いていた。

HTMLをそのままブラウザに表示した例

9

この HTML に背景色を指定する装飾を追加してみます。

```
<p style="background-color: #ccc;">木曾路はすべて山の中である。あるところは岨づたいに行く崖の道であり、あるところは数十間の深さに臨む木曾川の岸であり、あるところは山の尾をめぐる谷の入り口である。一筋の街道はこの深い森林地帯を貫いていた。</p>
```

木曾路はすべて山の中である。あるところは岨づたいに行く崖の道であり、あるところは数十間の深さに臨む木曾川の岸であり、あるところは山の尾をめぐる谷の入り口である。一筋の街道はこの深い森林地帯を貫いていた。

CSSで背景色を追加した例

見た目が変化して背景色が変わりました。

続けて枠線を追加してみましょう。

枠線のスタイルは 1px の幅、1 本の直線、黒色指定するというスタイルにします。

```
<p style="background-color: #ccc; border: 1px solid #000;">木曾路はすべて山の中である。あるところは岨づたいに行く崖の道であり、あるところは数十間の深さに臨む木曾川の岸であり、あるところは山の尾をめぐる谷の入り口である。一筋の街道はこの深い森林地帯を貫いていた。</p>
```

木曾路はすべて山の中である。あるところは岨づたいに行く崖の道であり、あるところは数十間の深さに臨む木曾川の岸であり、あるところは山の尾をめぐる谷の入り口である。一筋の街道はこの深い森林地帯を貫いていた。

CSSで枠線を追加した例

1px の幅、1 本の直線、黒色の枠線が表示されました。

このように CSS を指定することでデザインを表現することが可能となります。

この例では CSS を次のように HTML の要素に直接書くことで指定しました。

```
<p style="background-color: #ccc;"></p>
```
プロパティ　　　値

しかし、このように直接 HTML タグに記述した場合、同じ装飾を別の場所に施したいなら、そのタグにも同じ装飾を記述しなければなりません。これでは汎用性は低いですね。

CSS にはもう一つ別の書き方があります。そちらを見てみましょう。

```
<style>
.text {
    background-color: #ccc;
    border: 1px solid #000;
}
</style>

<p class="text">木曾路はすべて山の中である。あるところは岨づたいに行く崖の道であり、あるところは数十間の深さに臨む木曾川の岸であり、あるところは山の尾をめぐる谷の入り口である。一筋の街道はこの深い森林地帯を貫いていた。</p>
```

木曾路はすべて山の中である。あるところは岨づたいに行く崖の道
であり、あるところは数十間の深さに臨む木曾川の岸であり、ある
ところは山の尾をめぐる谷の入り口である。一筋の街道はこの深い
森林地帯を貫いていた。

styleタグで枠線を追加した例

先ほどの HTML の要素に直接書いた場合と同じ見た目になりました。

違いは `.text` というクラスが追加されている点です。このクラスに対して装飾が書かれているという状態です。

場合によっては HTML の要素に直接書くこともありますが、実際の制作では後者のクラスを追加して CSS を記述する方法が一般的です。

では CSS の書き方を確認してみましょう。次のようにセレクタに対してプロパティ : 値という形式で指定する方法が CSS の基本ルールです。セレクタとは装飾を適用したい箇所をいいます。次に {}（中括弧）で括り、どのような装飾をどの程度設定するのかを記述していきます。

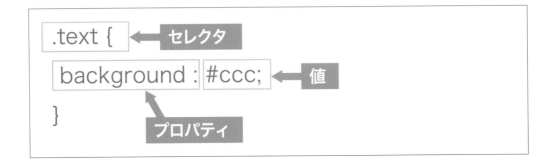

また、プロパティ：値の組は宣言と呼ばれ、：（コロン）で区切ります。

{}（中括弧）で括られた部分は宣言ブロックと呼ばれ、その中の宣言は；（セミコロン）で区切ります。

そしてこの一つのかたまりがルールセットと呼ばれています。記述には改行と空白はあってもなくても構いません。

```
セレクタ {         ←[宣言ブロック]
プロパティ：値;    ←[宣言]
}
        ↕ 内容は同じ
セレクタ { プロパティ :値; }
```

1-2-2 記述する場所

HTMLのタグに直接CSSを記述する

1つめはHTMLタグに直接記述します。

style属性を使用してプロパティ：値という形式で指示を追加していくとスタイルが適用されます。

```
<タグ style="プロパティ: 値"></タグ>
```

```
<p style="background-color: #ccc;border: 1px solid #000;">木曽路はすべて山の中である。あるところは岨づたいに行く崖の道
であり、あるところは数十間の深さに臨む木曾川の岸であり、あるところは山の尾をめぐる谷の入り口である。一筋の街道はこの深い森林地帯
を貫いていた。</p>
```

木曾路はすべて山の中である。あるところは岨づたいに行く崖の道
であり、あるところは数十間の深さに臨む木曾川の岸であり、ある
ところは山の尾をめぐる谷の入り口である。一筋の街道はこの深い
森林地帯を貫いていた。

HTML のタグに直接 CSS を記述する例

しかしこの場合、装飾を HTML タグに直接指定するので、次のように複数 **p** タグがあった場合、同じスタイルを適用するには毎回記述が必要になります。

```
<p style="background-color: #ccc;border: 1px solid #000;">本文1</p>
<p style="background-color: #ccc;border: 1px solid #000;">本文2</p>
<p style="background-color: #ccc;border: 1px solid #000;">本文3</p>
<p style="background-color: #ccc;border: 1px solid #000;">
本文4</p>
```

毎回同じ記述をするのは面倒ですし、後から変更があった場合は全て修正しなければなりません。

styleタグの中に記述する

2つめは HTML ファイル内の <head> ～ </head> 内に style タグを記述して <style> ～ </style> の間にスタイルを定義し、**class** 属性で指定します。

```
<!DOCTYPE html>
<html>
<head>
    <meta charset="UTF-8">
    <title><style></style>の中に記述する</title>
    <style>
        .text {
            background-color: #ccc;
            border: 1px solid #000;
        }
    </style>
</head>
<body>
    <p class="text">木曽路はすべて山の中である。あるところは岨づたいに行く崖の道であり、あるところは数十間の深さに臨む木曽
川の岸であり、あるところは山の尾をめぐる谷の入り口である。一筋の街道はこの深い森林地帯を貫いていた。</p>
</body>
</html>
```

こちらの方法は先ほどの HTML のタグに直接記述する場合と違い複数の .text という class を使用することで **p** タグに同じスタイルを適用できるようになりました。

```
<p class="text">本文1</p>
<p class="text">本文2</p>
<p class="text">本文3</p>
<p class="text">本文4</p>
```

しかし、CSS を HTML に直接書いているので別の HTML に同じスタイルを適用したい場合は、同じ CSS を複数書く必要があります。

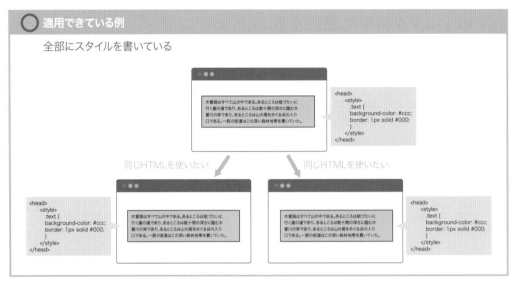

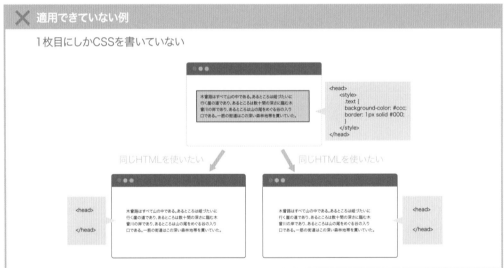

別ファイルにリンクしてCSSを記述する

3つめは別ファイルにして CSS を記述します。CSS だけ記述したファイルを用意して HTML の **link** 要素を使用して CSS を参照します。

index.html（外部 CSS 使用）

```
<!DOCTYPE html>
<html>
<head>
    <meta charset="UTF-8">
    <title>別ファイルにしてCSSを記述する</title>
    <link rel="stylesheet" href="style.css">
</head>
<body>
    <p class="text">木曾路はすべて山の中である。あるところは岨づたいに行く崖の道であり、あるところは数十間の深さに臨む木曾
川の岸であり、あるところは山の尾をめぐる谷の入り口である。一筋の街道はこの深い森林地帯を貫いていた。</p>
</body>
</html>
```

style.css

```
.text {
  background-color: #ccc;
  border: 1px solid #000;
}
```

このように CSS を別ファイルにする方法ですと、1 つの CSS ファイルを編集することで複数の HTML に同じスタイルを適用することができます。

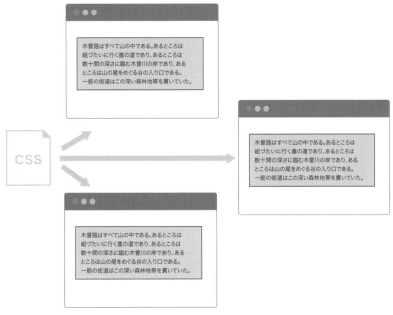

1枚のCSSファイルで複数ページに適用できる

実際の制作ではこの別ファイルにリンクして CSS を記述する方法が一般的です。

CSS の基本は記述の場所は違えど、プロパティ:値という指示を繰り返し記述していくシンプルな構文になっています。

そして、構造がシンプルなため、自由な表現ができ、学べば多くの方が容易に書けるようになるというメリットがあります。しかし、シンプルがゆえ安易に CSS を記述していると壊れやすいという面もあります。そこで、記述や運用のルールを決めるなど誰が作業しても安全に作業できる仕組みが必要になってきます。

まず、CSS の理解を深めてみましょう。

1-2-3　カスケードと継承、優先度と詳細度

CSS を理解するには、まずカスケードと継承、優先度と詳細度を知る必要があります。

大まかにカスケードの概念として CSS の Cascading とは、連なる小さな滝、数珠つなぎに伝わるということを指す言葉です。

右図に示す様々な条件で定義されたスタイルが、上流から下流に流れる滝のように段階的に引き継がれて文章に適用されるという特徴があります。

HTML

```
<body>
  <div>
    <p>テキストテキスト</p>
  </div>
</body>
```

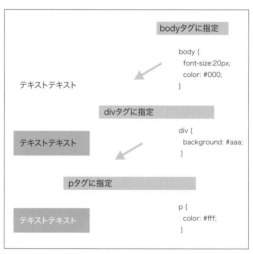

スタイルが継承されている様子を表した図

18

CSSのカスケードとは

CSS のカスケードとは 1 つの HTML ドキュメントに対して複数のスタイルシートを読み込み、ルールセットを継承して適用できることです。

カスケードの優先度の条件は、次のようになります。

同じルールセットに対して複数の宣言が適用される場合、次のような条件の優先度があり、より優先度が高いものが採用されます。

```
優先度高
  ↕  スタイルシートの優先度
     セレクタの詳細度
     プロパティの並び順
優先度低
```

CSSの優先度

スタイルシートの優先度

スタイルシート内に同条件のセレクタがある場合、後から記述したもので上書きされます。

この場合、style2.css の記述が優先されます。

※詳細度については後述します。

```
<head>
    <meta charset="UTF-8">
    <title>同じ条件がある場合上書きされる</title>
    <link rel="stylesheet" href="style.css">
    <link rel="stylesheet" href="style2.css">  ←  後から記述したstyle2.cssが優先
</head>
```

セレクタの詳細度

よりセレクタの詳細度が高いもので上書きされます。

この場合、**font-size:20px;** の記述が優先されます。

```
#page .title {
    font-size:20px;
}
.title {
    font-size:30px;
}
```

プロパティの並び順

同条件のセレクタがある場合、後から記述したもので上書きされます。

この場合、**font-size:30px;** の記述が優先されます。

```
.title {
    font-size:20px;
}
.title {
    font-size:30px;
}
```

!important

例外として **!important** がセレクタのスタイル宣言で使われたとき、**font-size: 20px!important** の記述が優先されます。。

!importantがあった場合上書きされる
```
.title {
    font-size:20px !important; //優先される
}

.title {
    font-size:30px;
}
```

このように、!important 宣言は詳細度を無視して強制的に他の宣言を上書きします。

自由に上書きすることができ一見便利に見えますね。

しかし短期的な解決策としては良いですが長期的に見た場合、コードの保守性が低下しますのでむやみに !important 宣言をするのは控えておいた方が良いでしょう。

CSSの継承とは

CSS の継承とは次のような HTML 構造であった場合、

```
<h2 class="title">見出し<span>サブテキスト</span></h2>
```

.title（親）> span（子）

親要素の **h2** に **title** クラスで指定されている値のうち、子要素である **span** に値を引き継ぐものがあるということです。

親要素で指定されている要素は継承プロパティとよばれ、子の要素で継承プロパティの記述がなく上書きされなかった場合、親要素の値を取得します。

また、継承されるもの、継承されないものはプロパティによって異なります。

この場合 **span** は色を指定しない限り親の **#000** を取得します。

```
.title {
  color:#000;
}

.title span {
  color: #ff0000; // 指定しなければ spanは#000になる
}
```

```
<p class="title">テキストテキストテキスト<span>「spanテキスト」</span>テキストテキストテキスト</p>
```

テキストテキストテキスト「spanテキスト」テキストテキストテキスト

.title spanで指定しない場合

21

テキストテキストテキスト「spanテキスト」テキストテキストテキスト

.title spanで指定した場合

スタイルシートの優先度

スタイルシートは CSS を保存するファイルで拡張子は .css が使用されています。

また、私たちが普段の制作で作成するスタイルシートとは別に宣言されたスタイルシートも存在します。

ユーザーエージェントスタイルシート

ブラウザの標準的なスタイルシートです。

ブラウザごとに少しずつ異なっており、細かな部分で違いがありますので、多くの制作者がリセット CSS などで差異をなくし共通化しています。

制作者スタイルシート

私たちが普段の制作で使用するスタイルシートです。

ユーザースタイルシート

Web サイトの閲覧ユーザーが好みに合わせて使用するスタイルシートです。

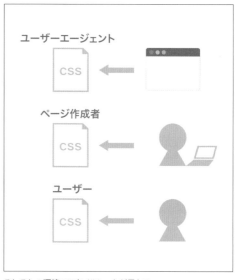

それぞれの環境でスタイルシートが異なる

さらに、スタイルシートの優先度は次のようになります。

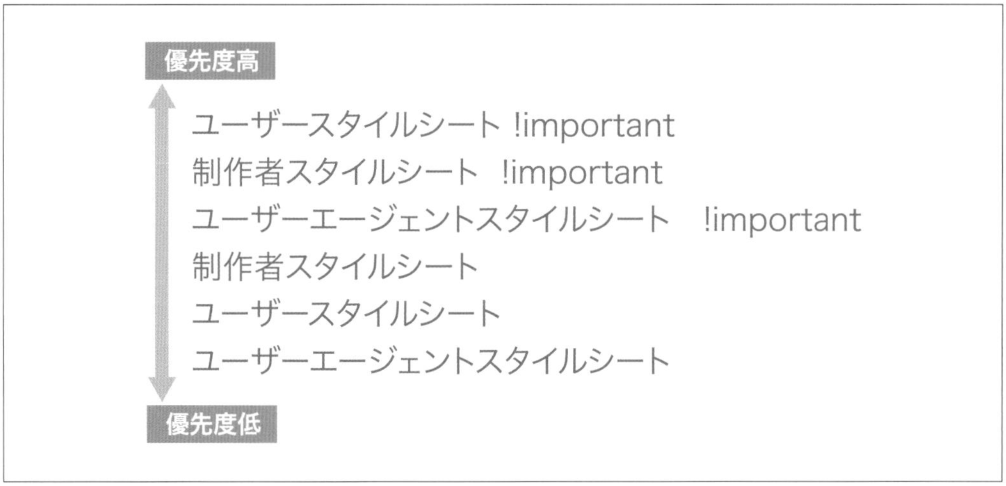

優先度高

ユーザースタイルシート !important
制作者スタイルシート　!important
ユーザーエージェントスタイルシート　　!important
制作者スタイルシート
ユーザースタイルシート
ユーザーエージェントスタイルシート

優先度低

スタイルシートの優先度

私たちが普段の制作で使用するのは制作者スタイルシートであり、制作時に優先度の並び順を意識することは少ないですが、!important 宣言があった場合強制的に上書きされることを知っておくと良いでしょう。

セレクタの詳細度

CSS では同じ条件のセレクタで宣言が行われている場合、基本的に後から宣言されたものが適用されますが、セレクタには詳細度というものがあり、CSS でスタイルを指定する時、セレクタの種類によって優先順位は異なってきます。
セレクタにはそれぞれ、優先順位を決める点数があり、セレクタの点数の合計が高いものがスタイルとして優先して表示される特徴があります。

このことを**セレクタの詳細度**と呼んでいます。

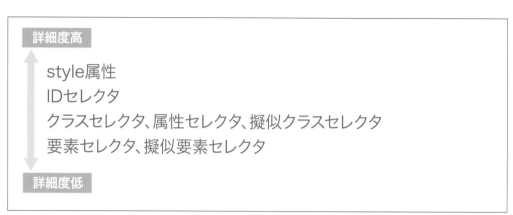

セレクタの詳細度

詳細度は ID セレクタを使用すると高くなり、セレクタを複数設定するとさらに詳細度は上がります。また、詳細度の計算で値の繰り上がりはありませんので**クラスセレクタ**が11個指定されていても **ID セレクタ**に打ち勝つことはできません。

```
//0.2.1.0
    #body #main .title {          ← IDセレクタ2つとクラス
        font-size:20px;              セレクタ1つ
    }

//0.1.1.0
    #main .title {                ← IDセレクタ1つとクラス
        font-size:20px;              セレクタ1つ
    }

//0.0.1.1
    h2.title {                    ← h2とクラスセレクタ1つ
        font-size:15px;
    }

//0.0.1.0
    .title {                      ← クラスセレクタ1つ
        font-size:30px;
    }


//値は繰り上がらない
//0.1.11.0
    #main .title1.title2.title3.title4.title5.title6.title7.title8.title9.title10.title11 {
        font-size:20px;
    }
```

詳細度が高い

同じ条件のセレクタで宣言が行われている場合、後から宣言されたものが適用されます（P.20
参照）。セレクタの詳細度が同じ場合、プロパティの並び順によってスタイルが決定されます。

style属性

HTML の style 属性に記述したものをいいます（P.13 参照）。
HTML タグに対して簡単に記述できますが、同じ装飾にしたい場合、複数箇所に記述するな
ど管理面からもオススメできません。
さらに、CSS ファイルに記述されたものより優先度が高くなりますので基本的に style 属性へ
直接書き込むことは避けたほうがよいです。

```
<p style="background-color: #ccc;">style 属性</p>
```

ID セレクタ

ID セレクタは **id** 属性でつけられた ID 名にスタイルを適用するセレクタです。
HTML では同じページの中で同じ **id** 属性は複数使用することができません。
ID セレクタは CSS セレクタの中で最も高い詳細度を持っています。仮に次のように ID セレ
クタとクラスセレクタが同じ名前であった場合 ID セレクタが優先されます。

```
<style>
#main-text {
    /*詳細度が高いためこちらが適用される*/
    font-size:20px;
}
.main-text {
    font-size:15px;
}
</style>

<p id="main-text" class="main-text">ID セレクタ</p>
```

クラスセレクタ、属性セレクタ、擬似クラス

クラスセレクタ、属性セレクタ、擬似クラスは ID セレクタの次に詳細度が高くなります。
ID セレクタとは異なり同じページの中で複数使用することが可能です。

クラスセレクタ

```
<style>

.main-text {
    /*詳細度が高いためこちらが適用される*/
    font-size:15px;
}
p {
    font-size:10px;
}
</style>

<p class="main-text">クラスセレクタ</p>
```

属性セレクタ

```
<style>

[class="main-text"] {
    /*詳細度が高いためこちらが適用される*/
    font-size:15px;
}

p {
    font-size:10px;
}
</style>

<p class="main-text">属性セレクタ</p>
```

擬似クラス

```
<style>

.main-text:hover {
    /*詳細度が高いためこちらが適用される*/
    font-size:15px;
}

p {
    font-size:10px;
}
</style>

<p class="main-text">擬似クラス</p>
```

要素セレクタ、擬似要素

要素セレクタは HTML タグを直接指定する方法で、クラスセレクタよりも詳細度は低くなります。

`::before`、`::after` などの擬似要素も同様です。

要素セレクタ

```
<style>

p {
    /*詳細度が高いためこちらが適用される*/
    font-size:10px;
}

* {
    font-size:16px;
}

</style>

<p>要素セレクタ</p>
```

擬似要素

```
<style>

p::before {
    /*詳細度が高いためこちらが適用される*/
    font-size:10px;
    content:'擬似要素'
}

* {
    font-size:16px;
}

</style>

<p>要素セレクタ</p>
```

詳細度の計算

詳細度は ID セレクタを使用すると高くなり、セレクタを複数設定するとさらに上がります。また、詳細度は下記の方法で計算することができます。

▼計算式の記述例

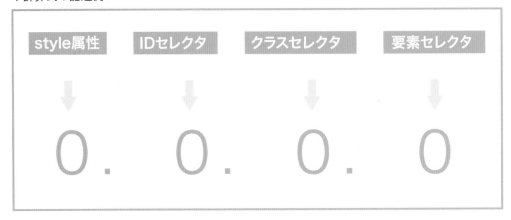

例えば、IDセレクタ2つとクラスセレクタ1つの場合は…

次の `.title` へスタイルを適用したいと思った場合は、上から順に詳細度が高くなります。

```
/* IDセレクタを2つとクラスセレクタが1つ */
/* 0.2.1.0 */
#body #main .title {
    font-size:20px;
}

/* IDセレクタを1つとクラスセレクタが1つ */
/* 0.1.1.0 */
#main .title {
    font-size:20px;
}

/* クラスセレクタが1つと要素セレクタが1つ */
/* 0.0.1.1 */
h2.title {
    font-size:15px;
}

/* クラスセレクタが1つ */
/* 0.0.1.0 */
.title {
    font-size:30px;
}
```

先ほどの説明でも出てきましたが、詳細度の計算はセレクタを超えた繰り上がりは起こらないためクラスセレクタが増えても ID セレクタの値へ繰り上がることはありません。

したがって次のコードはクラスセレクタが 11 個指定されていますが、ID セレクタが 1 つ指定されていたら打ち勝つことはできません。

```
/* セレクタを超えた値の繰り上がりは起こらない */

/* 0.1,0.0 */
#main  {
    /* 詳細度が高いためこちらが適用される */
    font-size:20px;
}

/* 0.0.11.0 */
#main .title1.title2.title3.title4.title5.title6.title7.title8.title9.title10.title11 {
    font-size:16px;
}
```

プロパティの並び順

セレクタ内で同じプロパティで宣言が行われている場合、後から宣言されたものが適用されます。

```
.title {
    font-size:20px;
    font-size:30px; //こちらが適用される
}
```

!importantを上書きする方法

先ほど例外として !important 宣言は詳細度を無視して強制的に他の宣言を上書きすることができることをお伝えしました。しかし、!important も上書きできないわけではありません。後から修正したい場合、さらに !important を使う必要があります。つまり、!important をより詳細度の強い !important で上書きするということです。

具体的には !important が指定されたセレクタの詳細度より高い詳細度のセレクタにするか、同じ詳細度であればプロパティの並び順をより後ろにすることで !important を上書きすることができます。

詳細度を高める例

```
#page .title {
    font-size:30px !important; //反映される
}

.title {
    font-size:20px !important;
}
```

並び順をより後ろにする例

```
.title {
    font-size:20px!important;
}

.title {
    font-size:30px !important; //反映される
}
```

このように絶えず !important で上書きしていくと、将来変更するコードが不必要に増えるばかりか、コードの内容が理解できないものになってしまう可能性があります。

むやみに !important で上書きしていくことは好ましくありませんので使用は控えるということを理解しておくと良いでしょう。

!important を使用する場合は、ページ固有の CSS や影響を与えないことがわかっている場合にのみ使用するようにしましょう。

!important の使用する前に、詳細度を上げるなど別の方法を探すようにしてください。

このようにカスケードと継承、優先度と詳細度は書き方により適用される値が変わってきます。これらは CSS を記述する場合にとても重要な部分となりますので理解しておく必要があります。しかし、普段作業をするときに、現在の詳細度を計算してそれを上回る詳細度を作るなど考えながらコーディングするのは効率が良い書き方とはいえません。

実際の作業時は CSS を正しく設計してカスケーティングを意識せずともコーディングできる仕組みを整えることが望ましいです。

1-2-4 CSSの問題点

CSS の問題点はなんでしょうか。

それはどこで記述しても全てに影響を与えてしまうということです。

これは、気軽に記述できて CSS への敷居が低いという良い点でもありますが、どこでも影響するというのは予期せぬスタイルがあたってしまうということです。

書き方によっては読み込まれている HTML のすべての要素に影響を与えることが可能ですので、数人で作業している場合など知らぬ間に問題が発生する危険があります。

例を見てみましょう。例えば、index.html と about.html の 2 ページがあるサイトで index.html の text クラスの背景色を変更したい場面があったとします。

index.html

about.html

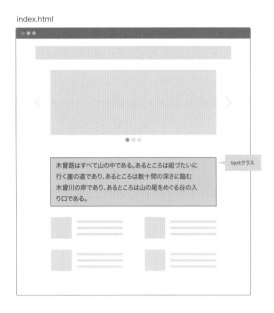

index.html と about.html

この場合、次のように CSS を修正すると背景色を変更できます。

```
.text {
    background-color: #ccc;
    border: 1px solid #000;
}
```

```
.text {
    background-color: #fff;
    border: 1px solid #000;
}
```

index.html

textクラスの背景が変更された

しかし、CSS は読み込まれている HTML のすべての要素に影響を与えますので、この記述では問題が起こります。

about.html ページにも同様のスタイルが適用されてしまうので、**text** クラスの背景が消えてしまい、意図しない変更が発生してしまいます。

index.html

about.html

about.html のtextクラスも変更されてしまった

これが2〜3ページのサイトであれば目視で確認きるかもしれませんがページ数が増えた場合、修正が大変になってきます。

この場合、対策として次のように新たな宣言を用意して別の装飾を適用すると良いでしょう。

```
.text {
  background-color: #ccc;
  border: 1px solid #000;
}

#top .text {
  background-color: #fff;
  border: 1px solid #000;
}
```

別の例をみてみましょう。次のようなページがあった場合、見出しにどのようにスタイルを適用するか考えてみます。

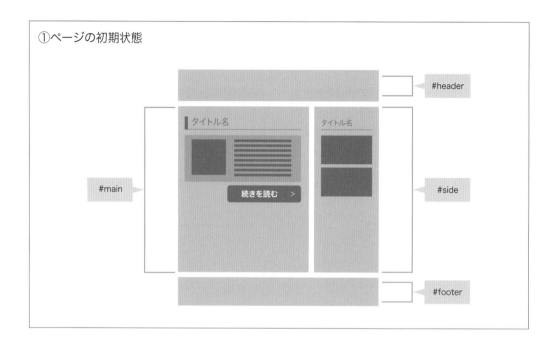

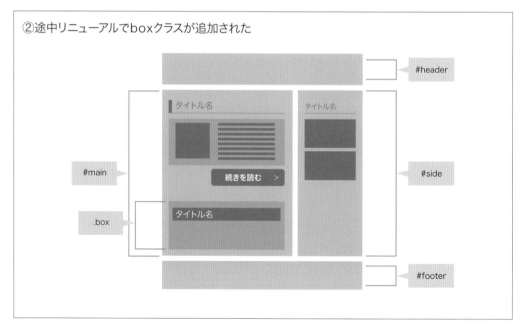

最初、①の文脈に合わせてセレクタを決めたとします。

```
#main h2 {}

#side h2 {}
```

後から、②のように新しく **box** というクラスが増えたとします。
文脈に合わせてセレクタを書くと次のようになります。

```
#main h2 {}
#main .box h2 {}

#side h2 {}
```

文脈に合わせてセレクタを書いていくこと自体は CSS の文法として問題ありません。
しかし、この方法だと、いずれ設計が破綻する可能性が高くなります。
次の例をみてください。

```
h2 {
    color: #000;
    font-size: 30px;
}
#main h2 {
    border-left: solid 5px #000;
    border-bottom: solid 1px #000;
}
#side h2 {
    font-size: 20px;
    border-bottom: solid 1px #000;
}
```

すでに **h2** にスタイルが当たっていた場合、他の箇所で使用する **h2** に対してもスタイルは影響します。
これはどういうことでしょうか。該当箇所を抜き出して見てみましょう。
h2 で設定した **font-size: 30px;** はすべての **h2** に影響しますので **#main h2**、**#side h2** のスタイルも **font-size: 30px;** ということになります。

#side h2 のようにフォントサイズが違う場合、font-size: 20px; のように新たに上書きをする必要があります。

```
#side h2 {
    font-size: 20px; //h2を上書き
    border-bottom: solid 1px #000;
}
```

しかし、この程度であればさほど問題はないかもしれません。

次の例をみてみましょう。さきほどの .box h2 が後から追加されました。この #main .box h2 の装飾は下線ではなく背景色だったとします。

```
h2 {
    color: #000;
    font-size: 30px;
}
#main h2 {
    border-left: solid 5px #000;
    border-bottom: solid 1px #000;
}
#main .box h2 {
    border: none;
    background-color: #000;
}
#side h2 {
    font-size: 20px;
    border-bottom: solid 1px #000;
}
```

このようになりました。変更箇所を抜き出して見てみましょう。

#main .box h2 では #main h2 で設定した border が不要なため、**border: none;** で打ち消したあとに、本来指定したかった **background-color: #000;** のスタイルを指定しています。

```
#main .box h2 {
    border: none; //#main h2を上書き
    background-color: #000;
}
```

新しくセレクタを追加する場合は、今あるスタイルを継承した上で打ち消すしかなく、追加するたびにスタイルの上書きが必要で、無駄な作業が発生してしまいます。

さらにこの上書きには詳細度が重要で、後から上書きするには詳細度が高くなければいけません。

次の例を見てみましょう。

CSS はどこに書いても影響します。

自分で記述している場所を把握できていれば詳細度を少し高めると良いですが、他の人が別の場所で書いたスタイルの詳細度が自分の書いた詳細度より高かった場合、自分の書いたスタイルは反映されません。

```
h2 {
    color: #000;
    font-size: 30px;
}
#main h2 {
    border-left: solid 5px #000;
    border-bottom: solid 1px #000;
}
.box h2 {
    border: none; //詳細度が低いと反映されない
    background-color: #000;
}
```

それでは困るので、!important を使用すると、自分のスタイルを反映することができます。

!important を使えば詳細度を気にせずにスタイルを反映することができるようになります。

```
h2 {
    color: #000;
    font-size: 30px;
}
#main h2 {
    border-left: solid 5px #000;
    border-bottom: solid 1px #000;
}
.box h2 {
    border: none !important; //反映される
    background-color: #000;
}
```

しかし、安易に **!important** で上書きをしてしまうと、打ち消すために **!important** 付きで新しいスタイルを追加しなくてはなりません。

このようにして以前書いた **!important** を修正するわけにもいかず、新たな **!important** が増え CSS ファイルは、徐々に肥大化してしまうのです。

このように他の人の作業範囲を知らぬ間に上書きしていたり、新たなパーツの追加が発生し、追加するにはもう **!important** で上書きするしかないという状況であったり、余儀なく上書きの対応を繰り返すなど複雑さが増して、最終的に管理の難しい CSS となってしまいます。

また、ブラウザ独自の実装や、未対応のプロパティがあります。

閲覧ブラウザによって表示が異なる場合があり、思った以上にコーディングの時間がかかる場合があります。

そこで、CSS を管理するためにきちんとしたルールを定める必要があります。

そのため CSS 設計が重要になってきます。

Chapter 1-3

CSS設計の重要性

1-3-1　CSS設計とは

なぜCSS設計が重要なのでしょうか。
設計手法を取り入れると次のようなメリットがあります。

- メンテナンスしやすい
- 複数人で作業しやすい
- 破綻の少ないコードを書ける
- 手戻りの少ないコードを書ける

私たちCSS実装者の仕事は、デザインデータを元にHTMLやCSSを作成することが多いです。
しかし、Webサイトはデザインの通りに作成すれば完了というわけではありません。
さらに、作業者も複数人で作業する場合もあり一人で作業するとは限りません。
Webサイトが公開された後は、運用中にコンテンツが増えたり、メンテナンスされ使われ続けていきます。
また作成した人以外の人がメンテナンスすることも多くあります。
たとえば長期運用されているWebサイトで、コンテンツが増え続け、どのように管理されているかわからず、都度上書きされ肥大化したCSSを見たことがあるかもしれません。
CSSは書き方によってはすべての要素に影響を与えますので、ルールなく記述していくと行き詰まり最終的に破綻することになります。
また、プロジェクトの後半でパーツの追加やデザインの変更など予期していない修正があることも度々あり、その際コードが崩れてしまうと元に戻すために大変な手戻りになってしまいます。

このようなケースを避けるため、作成中はもちろん、Web サイトが公開された後も運用に耐えうる破綻の少ないコードを書く必要があります。

しかし、CSS は記述しやすいがゆえ曖昧な文法でもあるため、100％破綻しない CSS を書くというのは至難の技です。

そこで破綻する状況を避けるため、設計手法を決めて CSS を書くことで、スタイルの影響範囲を明確にし、破綻の少ないコードを書く手法や考え方が生まれました。

いわゆる CSS 設計と呼ばれる手法で、多くの CSS 開発者たちのアイデアによりさまざまな方法論が登場しました。代表的なものは次のようなものになります。

- OOCSS
- BEM
- SMACSS

また、クラスの指定方法ですが HTML の要素にどのようにクラスを指定するかで設計が変わってきます。

マルチクラスとシングルクラス、ユーティリティクラス（汎用クラス）と呼ばれる指定方法があり、これらは今後も登場しますので、どのようなものか覚えておきましょう。

マルチクラス

1 つの要素に対しに複数のクラスを指定する方法をマルチクラスと呼びます。

装飾や機能ごとにクラスを分けて作成します。

特徴としてクラスの再利用性が高くなりますがスタイルの適用範囲がわかりにくくなります。

事前にクラスを用意することで装飾を用意することも可能です。代表的なものは Bootstrap などがあります。

```
<p class="button button-blue botton-large">ボタン1</p>
<p class="button button-red botton-small">ボタン2</p>
```

シングルクラス

1つの要素に対して2つ程度までのクラスを指定する方法をシングルクラスと呼びます。
使用する目的に合わせてクラスを作成します。
特徴としてクラスの再利用性は低いですがスタイルの適用範囲がわかりやすくなります。

```
<p class="button-primary">ボタン1</p>
<p class="button-secondary">ボタン2</p>
```

ユーティリティクラス（汎用クラス）

ユーティリティクラスとは主にクラス名が CSS のプロパティを表しているような便利なクラスを言います。
ユーティリティファーストな CSS の指定方法もありますが、ここでは、基本的には多用せず例外なケースでスタイルの調整などの目的で使用するものを指します。

```
<p class="button button-blue mb40 p40">ボタン1</p>
<p class="button button-red mb10 p10">ボタン2</p>
```

1-3-2 OOCSS（オーオーシーエスエス）

OOCSS（オーオーシーエスエス）とは Object Oriented CSS（オブジェクト指向 CSS）の略で Nicole Sullivan 氏が提唱した考え方です。
OOCSS は、設計が難しい CSS に対してプログラミングで使われる設計の考え方であるオブジェクト指向の考え方を取り入れました。
特徴としては、構造と装飾を分けて考え、それらの組み合わせでスタイルを定義します。
また、場所に依存しないパーツを作り、Web ページをレゴのように考えて組み合わせていきます。

OOCSSでは次の原則が重要とされています。

- ●ストラクチャ（構造）とスキン（装飾）の分離
- ●コンテナ（場所）とコンテンツ（パーツ）の分離

ストラクチャとスキンの分離

OOCSSの考え方にストラクチャ（構造）とスキン（装飾）の分離というものがあります。

ストラクチャとスキンの分離とはどのようなことでしょう。例を参考にみてみましょう。

例えば右図のようなボタンがあったとします。

ストラクチャ（構造）とは機能のかたまりで、この例でいうところのボタンの構造にあたります。

スキン（装飾）とは機能に対しての装飾でこの例でいうところのボタンに対して、色、形、アイコンなどを指します。

設計を気にせずコーディングすると、次のようになるかもしれません。

さまざまなボタンのデザイン

HTML
```
<button class="accent-button">背景付きボタン</button>
<button class="round-button">角丸ボタン</button>
<button class="arrow-button">矢印ボタン</button>
```

CSS

```
.accent-button {
 font-size: 20px;
 color: #FFFFFF;
 background-color: #FF9800;
}

.round-button {
 font-size: 20px;
 color: #FFFFFF;
 background-color: #43688B;
 border-radius: 10px;
}


.arrow-button {
 font-size: 20px;
 color: #FFFFFF;
 background-color: #43688B;
}
.arrow-button::after {
  content: '>';
  display:inline-block;
}
```

このようにそれぞれのボタンを作ってしまうと **font-size**、**background-color** など共通
の部分があっても全てのクラスに指定しなければなりません。しかし、同じ記述のボタンを別々
に管理するということは効率が悪いのです。共通部分と変更箇所を分けたスタイルを作る方が
効率よく管理できそうです。これをストラクチャとスキンを分離してコーディングすると、右
図のように変更できます。

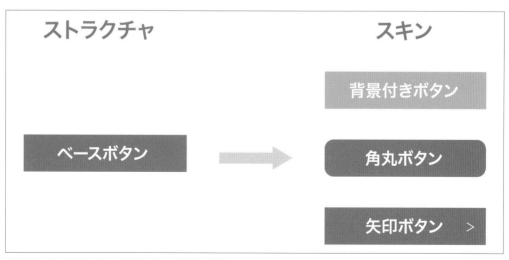

さまざまなボタンをストラクチャ（構造）とスキン（装飾）に分離

HTML

```
<button class="butto">ベースボタン</button>
<button class="button accent">背景付きボタン</button>
<button class="button round">角丸ボタン</button>
<button class="button arrow">矢印ボタン</button>
```

CSS

```
//ストラクチャ
.button {
 font-size: 20px;
 color: #FFFFFF;
 background-color: #43688B;
}

//スキン
.accent {
 background-color: #FF9800;
}

.round {
 border-radius: 10px;
}

.arrow::after {
  content: '>';
  display:inline-block;
}
```

共通部分をベースのクラスとして変更箇所のみのクラスと分けて追加していきます。

このように、class属性に複数の値を指定し、変更箇所を分けたスタイルを作ることで効率よく管理することが可能になります。

このようにOOCSSは複数のクラスを使用するマルチクラスで指定していきます。

ストラクチャ（構造）	.button
スキン（装飾）	.accent、.round、.arrow

コンテナとコンテンツの分離

OOCSS のもう一つの重要な考え方にコンテナ（場所）とコンテンツ（パーツ）の分離というものがあります。

これは、場所に依存しないパーツを作るということです。

Web ページをレゴのようにブロックを積み上げるように考えます。

あらかじめ再利用可能なパーツを用意して同じパーツはコーディングすることなく、レゴのように組み合わせていくことで Web ページを作っていきます。

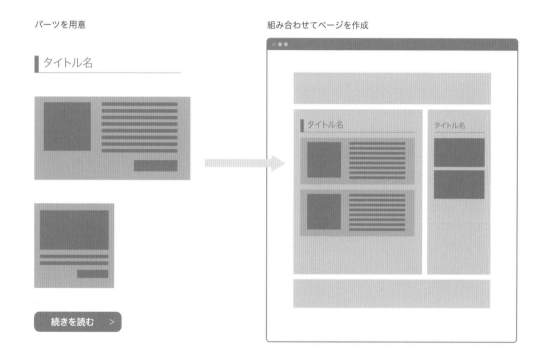

前節の 1-2-4 CSS の問題点で登場した、文脈に合わせてセレクタを書いていると、いずれ設計が破綻する可能性が高くなるを例に見てみたいと思います。

こちらがコンテナとコンテンツの分離ができてない状態です。

```
h2 {
  color: #000;
  font-size: 30px;
}

#main h2 {
  border-left: solid 5px #000;
  border-bottom: solid 1px #000;
}

.box h2 {
  border: none!important;
  background-color: #000;
}

#side h2 {
  font-size: 20px;
  border-bottom: solid 1px #000;
}
```

このように上書きを繰り返すと最終的に管理の難しい CSS となってしまいます。OOCSS ではこのような特定の場所に依存している指定方法は良くないと言っています。

ではコンテナとコンテンツの分離はどのようにすると良いでしょうか。

ひとつひとつを部品のように考え、次のように全てのパーツに命名をします。

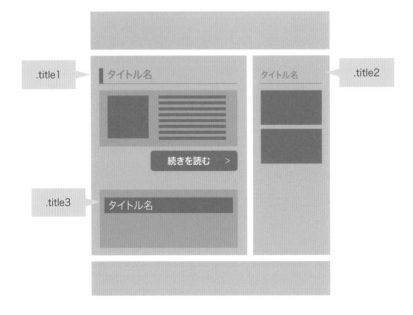

そして HTML には部品のクラス名を指定し、CSS は部品のクラス名からスタイルを適用するようにします。

HTML

```
<h2 class="title1">タイトル名</h2>
<h3 class="title2">タイトル名</h2>
<h4 class="title3">タイトル名</h2>
```

CSS

```
.title1 {
  color: #000;
  font-size: 30px;
  border-left: solid 5px #000;
  border-bottom: solid 1px #000;
}

.title2 {
  color: #000;
  font-size: 20px;
  border-bottom: solid 1px #000;
}

.title3 {
  color: #000;
  font-size: 30px;
  background-color: #000;
}
```

これにより詳細度は高くならず、上書きを繰り返す必要がなくなりました。

また、サイト内の同じパーツはコーディングすることなくどこでも CSS を使いまわすことが可能ですね。

このようにどこでも使えるクラスを作ることでなるべく新しい装飾は作らず、既存のクラスを組み合わせてスタイルを定義します。

また、OOCSS のルールとして ID セレクタは使用せずクラスセレクタのみを使用し、子孫セレクタの使用を推奨していません。

OOCSSまとめ

OOCSS を使うことでさまざまな装飾をクラスごとに分けての装飾の重複を減らすことができます。

しかしこれによって汎用的なクラスが増えてしまい、影響範囲が大きくなって管理が難しくなる場合もあります。

OOCSS の提唱自体は古く、実装の方法も具体的なものが解説されているわけではありません。

よって、現在の CSS 設計で OOCSS をそのまま選択するという機会は少ないかもしれません。

しかし、世の中には様々な CSS 設計がありますが、OOCSS の考え方は多くの CSS 設計に影響を与えています。

OOCSS を知ることは CSS 設計をする上で、とても重要になりますので OOCSS はどのような考え方なのかは把握しておくと良いでしょう。

1-3-3　BEM(ベム)

BEM とは Block、Element、Modifier の略でロシアの Web 開発会社 Yandex という会社で考案されました。

BEM の特徴は、厳格な設計とクラス名にあります。

＿ と - で区切られた独特な記法を見たことがある方も多いのではないでしょうか。

OOCSS とは違いすべてのスタイルはモジュールであり Block、Element、Modifier をクラス名として使用し、さまざまな役割を示すクラスを作成して区別されています。また Block、Element、Modifier は全て BEM（Block Element Modifier）エンティティと呼ばれています。

※Block Element Modifierは、フロントエンド開発で再利用可能なコンポーネントとコード共有を作成するためのメソッドです。

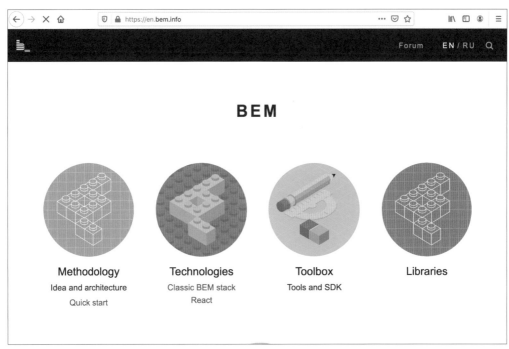

en.bem.info

BEM の特徴としては以下のものがあります。

- ● ページは、Block というパーツの単位の集まりでできている
- ● Block は、Element という要素の集まりでできている
- ● Block や Element の変化は Modifier で表現する
- ● クラスの命名には厳格なルールがある

また、BEM も OOCSS 同様に ID セレクタを使用せずクラスセレクタのみを使用します。
これにより詳細度を均一にし、変化するものは Modifier で上書きしやすくしています。
さらに、クラスの命名が厳格で独特で独特な記法で定義されています。これによってクラス名
からある程度、役割を予測することができます。
基本的な書き方は次になります。

Block

再利用可能なコンポーネントで、クラスの枠組みとして使用します。

BEMではページはナビゲーション、検索エリア、見出しと説明文などといったパーツの集まりで構成されていると考えます。このパーツの集まりをBlockと呼びます。

Blockはページ内で繰り返し使用されることが想定されるため「繰り返し使える独立したパーツ」である必要があります。

そのためIDセレクタは使用せずクラスセレクタのみを使用します。また、HTMLの構造でBlockの中に別のBlockを入れ子で記述することは可能ですが、CSSのスタイルはBlockを入れ子にしたスタイルの指定はできません。

独立したパーツであるためBlockの入れ子に関わらず単体で使用できる必要があります。

HTML

```
<div class="block">
 ...
</div>
```

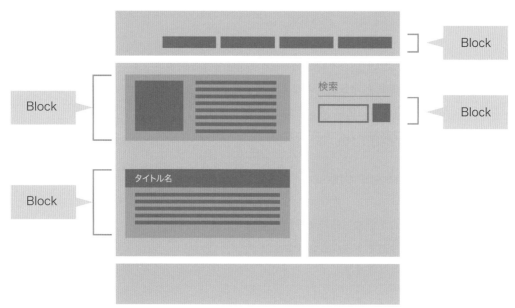

ページはBlockというパーツの集まり

Element

Block の入れ子の要素です。

必ず Block の中にあり単独では使用できません。

ここでは **head**、**body**、**title**、**text** のことを指します。

.block

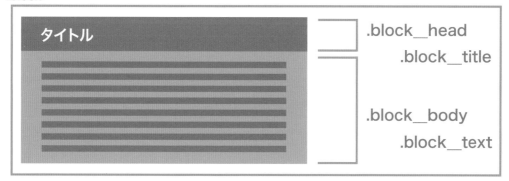

Block - Elementの構造

HTML

```
<div class="block">
    <div class="block__head">
        <h3 class="block__title">タイトル</h3>
    </div>
    <div class="block__body">
        <p class="block__text">テキストテキストテキスト</p>
    </div>
</div>
```

Modifier

Block または Element の修飾です。

外観、動作、または状態を定義します。

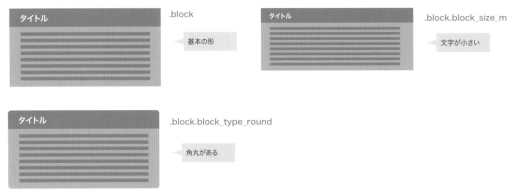

Element - Modifierの構造

ここでは **.block_size_m**、**.block_type_round** が Modifier に当たります。

```
<div class="block block_size_m">
    <div class="block__head">
        <h3 class="block__title">タイトル</h3>
    </div>
    <div class="block__body">
        <p class="block__text">テキストテキストテキスト</p>
    </div>
</div>
```

または

```
<div class="block block_type_round">
    <div class="block__head">
        <h3 class="block__title">タイトル</h3>
    </div>
        <div class="block__body">
    <p class="block__text">テキストテキストテキスト</p>
</div>
```

Mix

同じ要素に異なる BEM エンティティを使用するための手法です。

Modifier の装飾という意味では処理することが不可能な場合に Mix を使います。

コードの重複を回避しながら、いくつかの BEM エンティティスタイルを組み合わせることができます。

具体的には .nav の Element である .nav__body と別の Block である .list を組み合わせて使うことができます。

.nav

Mixの構造

```
<div class="nav">
   <ul class="list nav__body">
      <li class="list__item"><a href=""></a></li>
      <li class="list__item"><a href=""></a></li>
      <li class="list__item"><a href=""></a></li>
   </ul>
</div>
```

BEMまとめ

このようにクラス名を明確に分けることで、使用されている範囲が絞られメンテナンス性を高めています。しかしこれによってクラス名が長くなるという問題もあります。

しかし、OOCSS や次に登場する SMACSS とは違い、BEM は書き方の概念やどういう手法で書くのか明確になっています。

この書き方が明確に決まっているということが、複数人で HTML や CSS を書く場合にとても大事です。さらに、すでに多くの Web サイトで使用されており書き方も比較的浸透している BEM はかなり完成された CSS 設計といえるでしょう。

CSS 設計で複数人で作業するなどルールを考える場合、BEM はとても参考になりますので、ある程度把握しておくと良いでしょう。

1-3-4　SMACSS (スマックス)

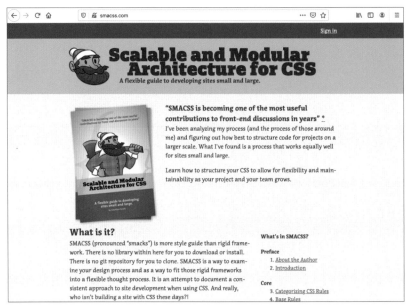

smacss.com

SMACSS とは Scalable and Modular Architecture for CSS の略で Jonathan Snook 氏によって OOCSS をベースに提唱された手法です。SMACSS は特定のコードがあると言うよりは CSS の管理、記述ルールでありスタイルガイドのようなものになります。

SMACSS の特徴は次の 5 つのカテゴリーに分類して考えることを提案しています。

- Base
- Layout
- Module
- State
- Theme

Base

Base は、サイトのデフォルトスタイルで、リセット CSS など要素のベースとなるものです。
リセット CSS は後の章で詳しく説明しますがブラウザが標準でもっているデフォルトスタイルシートを打ち消すための CSS です。
リセット CSS と名前が付いていますが、特別な CSS というわけではなく通常の CSS と同じです。
ブラウザのデフォルトスタイルシートを打ち消してリセットするための記述を先頭にまとめて書いたものを指します。

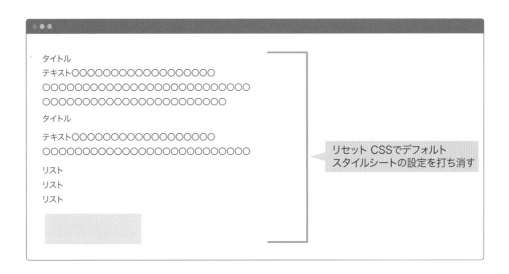

リセット CSSでデフォルトスタイルシートの設定を打ち消す

他にベースにプラスしたい要素、**a** タグの設定やフォントの設定、**table** の基本設定などプロジェクト全体で設定したいスタイルを定義します。
また、Base を後から修正することは基本的には少ないでしょう。Base で設定するものはサイト全体に影響しますのであまり多くスタイルは定義せず最小限の設定でおさえるのが良いでしょう。

CSS

```
body {}
input {}        プロジェクト全体で設定したい
p {}            スタイルをセレクタで指定
```

Layout

Layout はサイトのレイアウトに関する装飾です。

l- の接頭辞を付けることが推奨されています。

Layout のみ ID セレクタの使用を禁止していません。

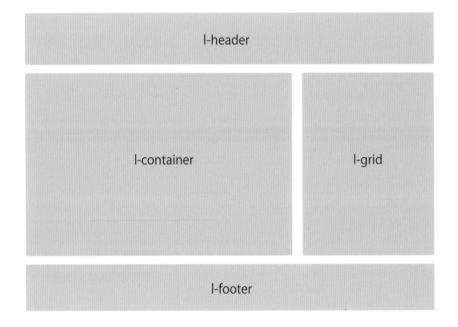

このようにヘッダー、フッター、コンンテンツエリア、サイドエリア、段組といったサイトの大枠を構成するものがレイアウトになります。

レイアウトはヘッダー、フッターのようにページ内で1度しか使用されないものもあり、IDセレクタの使用が許可されています。ただし、**l-grid** や **l-section** などページ内で複数使用されるレイアウトはクラスセレクタを使用する必要があります。

CSS

```
#l-header {}
#l-footer {}
#l-container {}
#l-sidebar {}
.l-grid {}
.l-section {}
```

Module

Module は、パーツやコンポーネントのことになります。

この Module をレイアウトの中に配置することで、Web ページを構成します。

サイトで使われるほとんどのスタイルはここで登録されることになります。

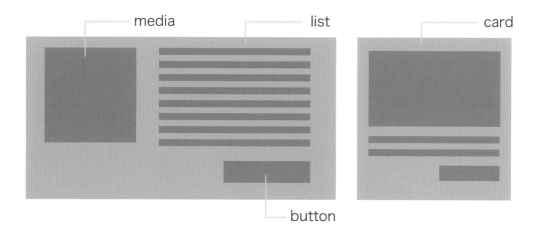

CSS

```
.list {}
.button {}
.media {}
.card {}
```

State

State は JavaScript によってモジュールの状態を制御する場合に使用するルールになります。
エラー表示のための is-error などになります。
State は is- の接頭辞を付ける必要があります。

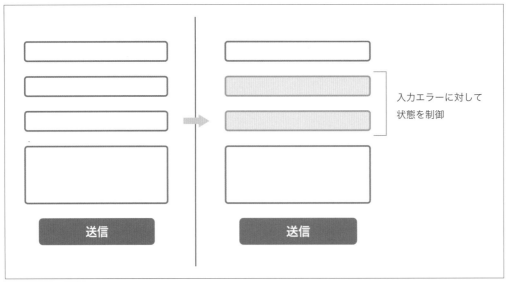

State

CSS

```
.is-error {}
.is-disabled {}
```

Theme

Theme の用途は様々ですがメインカラーなど、サイト全体で統一、管理されるスタイルです。
ページ全体でヘッダーやフッターなど切り替えたい場合や、統一してモジュールの色を変えたいなど広い範囲でルールを変更したい場合に使用します。

統一してスタイル変更

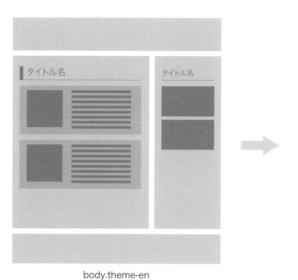

body.theme-en

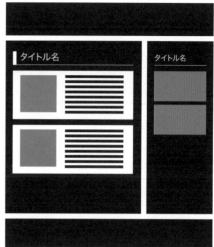

body.theme-dark

CSS

```
body.theme-en {}
body.theme-dark {}
```

フォルダ階層

これらを次のようなフォルダ構造を使用して、それぞれのディレクトリにファイルを作成していきます。

```
base/
  └── _xxx.scss
layout/
  └── _xxx.scss
modules/
  └── _xxx.scss
state/
  └── _xxx.scss
themes/
  └── _xxx.scss
```

SMACSSまとめ

SMACSS では OOCSS と同じくクラスの再利用を推奨しています。また、ID セレクタ、子孫セレクタの使用を推奨していません。

SMACSS のルールは OOCSS より一貫したコードの管理が可能です。また、OOCSS と同じくクラスの再利用性が高くコード量が少なくなります。

しかしクラスの再利用が可能ですので、OOCSS 同様に煩雑なクラスが増えてしまうと管理が難しい場合があります。

BEM と大きく違うところは CSS の構造化はあまり重視しておらず、命名規則も単純になります。

コラム

ユーティリティクラスで直接スタイリングする方法論「Atomic css」

最近では「React」などを使用して、HTML 自体をコンポーネント化し共通化されることも多くなってきました。

そこで、CSS の再利用性ではなく HTML の再利用性を重視した、ユーティリティツール集のような形で HTML の class で装飾を追加していく「Tailwind CSS」といったフレームワークもあります。

スタイルをすばやく設定できるという利点もあり、CSS の再利用性を重視した BEM などとは別のアプローチの方法論です。

本件は本筋と少しずれますので、興味がある方は調べてみてください。

Tailwind CSS（https://musubii.qranoko.jp/）
Atomic CSS（https://acss.io/）

コラム

日本製の CSS フレームワーク MUSUBii（むすびー）

MUSUBii（むすびー）は YakuHanJP を開発しているデザイナーのクラクさんが作った CSS フレームワークです。

非常に良く作り込まれていて、頻繁にアップデートされていますので、参考にしてみてください。

MUSUBii（https://musubii.qranoko.jp/）

1-3-5 まとめ

以上、OOCSS、BEM、SMACSS の 3 つの CSS の設計手法を紹介しました。

このように各々思想の違いはあれど CSS の設計はどれも読みやすく、保守性が高く、整理されたコードを心がけています。

- ● 正しく意味付けされている
- ● 命名規則に一貫性が保たれている
- ● 部品化されている（コンポーネント、モジュール）
- ● コードが共通化されている

これらのルールによって、破綻することを避け効率的に管理しようとするものです。

どれか一つが最も優れた CSS 設計の手法というわけではありません。

ここに挙げている CSS 設計は多くのプロジェクトで使われている可能性がありますが、必ずどれかを選択するというわけではありません。

またどれも完全に読み解かなくても問題ありません。

いくつか既存の CSS 設計を検討することで、プロジェクトに合った方法論を見つけることができます。

私が今まで関わってきたプロジェクトは、どれも既にあるものを参考に、チーム状況に合わせて独自の設計を取り入れていました。

大事なのは、状況に合った設計方法を知っていることです。まずは概念を理解できれば良いでしょう。

気になった方はそこからより深く、掘り下げていきましょう。

もしくは、独自の CSS 設計ガイドラインを作成するのも良いでしょう。

Chapter 1-4

CSS設計を考える

1-4-1   CSSの設計において重要なポイント

では、読みやすく、保守性が高く、整理されたコードとはどのようなものでしょう。
CSS設計を考える場合、次の4つが重要になってくるので、順番に解説していきます。

- 正しく意味付けされていること
- 命名規則に一貫性が保たれていること
- 部品化されていること（コンポーネント、モジュール）
- コードが共通化されていること

正しく意味付けされていること

正しく意味付けされているということはHTMLも大きく関わってきます。
CSSはHTMLを装飾するためのものでしたね。
ここでマークアップするということを考えてみたいと思います。
マークアップとは、その要素がどのように見えるのかではなく、どのような文書の構成要素なのかというコードの文書構造をブラウザを通して私たちとコンピュータが正しく認識できるようにする作業です。
また、コンピュータが認識できるようになりますので、正しいマークアップはアクセシビリティなコードともいえます。

ではアクセシビリティとはなんでしょうか。

一般的にアクセシビリティとは、アクセスのしやすさや利用しやすさを意味します。

Web サイトにおけるアクセシビリティは情報へのアクセスのしやすさといえるでしょう。

Web サイトではウェブアクセシビリティとも呼ばれており能力や環境にかかわらず可能な限り多くの人に利用してもらうようにすることです。

では正しいマークアップをするとなぜアクセシビリティなコードになるのでしょうか。

コンピュータが正しく認識できるということはユーザーがどのようなデバイスから使用しても正しく情報を表示できることができるということです。

このように HTML を正しくマークアップすることや CSS のクラス名を正しく意味付けして記述することで次のようなメリットがあります。

- ●人の目にも理解しやすいコードになる
- ●新たに参加する作業者にも理解しやすい
- ●サイト全体の要素を共通して考えるため、変更があった場合もサイトの更新が容易になる
- ●見た目と構造が分かれているため、HTML 構造に依存しない CSS を書くことができる

HTML は本来、文書構造に基づいてマークアップする言語ですので、視覚的によく見せるための手段は CSS に任せています。

私たちは、見た目でフォント色やフォントサイズなど、レイアウトされた段落を見て意味を読み取ることができますが、コンピュータにとって見た目の表現は意味のないものになります。

クラス名を意味付けする場合の注意点として、色、幅、場所固有の単語などを使用せず機能などで指定する方が、より変更に強いコードとなるでしょう。

```
//Danger zone
.red {}

//Better
.warning{}
```

このように意味付けを意識することで、人から見ても読みやすく、保守性が高いコードを書くことができます。

63

命名規則に一貫性が保たれていること

命名規則は OOCSS や BEM、SMACSS など様々あります。既にある設計手法でもよいですし、オリジナルの命名規則を作っても問題ありません。

大切なことは一貫性が保たれていることです。

BEM などのメジャーな設計手法を採用すれば、理解している人も多いので新規参入時の敷居が低くなります。

```
//Bad
.box {}
.boxHead {}
.box--body {}
.box__foot {}
.is-primary {}
.is_secondary {}

//Good
.box {}
.box__head {}
.box__body {}
.box__foot {}
.box_type_primary {}
.box_type_secondary {}
```

命名規則に一貫性が保たれているということは、クラスを指定する詳細度のルールが決まっているということですので CSS の大きな問題であったカスケーディングの優先度の問題が解消されます。

また、誰が書いても同じような記述でコードを書くことができ詳細度を意識せず、効率的に安全なコーディングをすることができます。

部品化されていること(コンポーネント、モジュール)

CSS を部品化するというのはどういうことでしょうか。まず Web 制作における部品化のメリットを考えてみたいと思います。

- 作成済みの装飾を管理できる
- 制作のスピードがあがる
- 修正、更新時のコストが下がる
- Web サイトのクオリティが担保できる

さらに、CSS 設計を考えると HTML 構造に依存しない CSS を書く必要があります。HTML 構造に依存しない CSS を書くには about ページ用など 1 ページずつ対応していくのではなく Web ページ全体を見てページを構成する要素として部品を用意して管理する形になります。

では Web ページはどのように部品化することを考えるとよいでしょうか。

部品化の定義はプロジェクトによってさまざまですが、まずは見出し、本文など情報の最小単位を決めます。そして最小単位の組み合わせで作られる規則性のある情報を部品として考えるのが良いでしょう。

部品化する場合はどこでも使用されることを考え固定の幅を指定せず作成します。

幅の指定が必要になった場合は部品に依存して書くのではなく、.l-block などコンテンツ幅を持ったクラスを作成し幅の指定はそちらに任せてしまうのが良いでしょう。この場合 px など固定値より % などの相対値を使用した方が望ましいです。また、上下マージンなど部品の余白などのルールを決める必要があります。

```
//Bad
.box {
    margin-bottom: 10px;
    width: 300px;
    background-color:#ccc;
}


//Good
.l-block {
    width: 40%;
}

.box {
    margin-bottom: 10px;
    background-color:#ccc;
}
```

ページを構成する要素が部品化されることでHTMLの構造に依存しないCSSになり、部品を組み合わせてページをコーディングできます。また、不要なCSSの記述を避け、複数人で作業する場合も安全に効率的に作業できます。

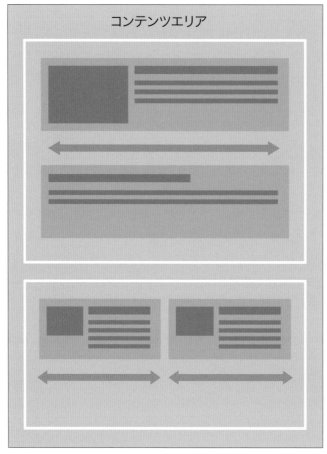

幅の変更に対応した部品化

現在のWeb制作は、すべてのページを静的なHTMLを手動で作成するということは少なくなってきています。数百ページを超えるWebサイトの場合CMSなどシステムを導入してWebサイトをテンプレート化して表示するという手法をとるでしょう。

その場合も、部品化されていればスムーズに導入することができます。

実際の制作時には作成した部品はスタイルガイドなどを用意して管理するのが望ましいです。

▼見出し

見出し大

見出し中

|見出し小

新しくパーツを作ったら追加する

▼ボタンスタイル

ボタンスタイル1
ボタンスタイル2
ボタンスタイル3

▼本文

-デフォルト
木曽路はすべて山の中である。あるところは岨づたいに行く崖の道であり、あるところは数十間の深さに臨む木曽川の岸であり、あるところは山の尾をめぐる谷の入り口である。一筋の街道はこの深い森林地帯を貫いていた。
東ざかいの桜沢から、西の十曲峠まで、木曽十一宿はこの街道に添うて、二十二里余にわたる長い谿谷の間に散在していた。

-小
木曽路はすべて山の中である。あるところは岨づたいに行く崖の道であり、あるところは数十間の深さに臨む木曽川の岸であり、あるところは山の尾をめぐる谷の入り口である。一筋の街道はこの深い森林地帯を貫いていた。

▼リスト

- マーク付きリスト本文
- マーク付きリスト本文
- マーク付きリスト本文

1. 番号付きリスト本文
2. 番号付きリスト本文
3. 番号付きリスト本文

▼テーブル

見出し	見出し	見出し
テキスト	テキスト	テキスト
テキスト	テキスト	テキスト
テキスト	テキスト	テキスト

スタイルガイドの例

コードが共通化されていること

プログラム開発には DRY(Don't Repeat Your Self:繰り返しを避けること)原則という方法論があります。

コードは作成した時は良いですが、重複していなくても、時間の経過とともに作成した本人ですらどのような作業をしたか曖昧になってしまいます。また、コードが重複していた場合、修正時に作業漏れなどがあったり、間違いも起こりやすいです。

そこで再利用可能なものは重複して記述するのではなく共通化しようということです。

しかし、常に重複しないコードを書かなければならないということではありません。メンテナンス性を重視する場合は再利用するパーツを作成しても良いと思います。目安としてコードの再利用が3回を超える場合、部品の作成を検討するとよいでしょう。作業中に再利用できるコードかどうかを意識しているだけでも違いますので、区切りの良い時など記述したコードを振り返ってみると良いです。

このように共通認識のルールを決めて、使われる用途や機能に基づいたスタイルを決定していくことがCSS設計の始まりです。

CSS設計がうまくいきだすとWebサイト制作や修正が容易になります。これにより、コードが読みやすく、理解しやすくなり、スタイルガイドやドキュメントが作成され、デザインの一貫性を強化できます。さらに、新しい実装者もスムーズにプロジェクトに参加できますので安心して制作を進めることができます。

結果、CSS設計手法を導入することでCSSだけでなく、管理しやすく、変更に強い丈夫なWebサイトを作ることができるでしょう。

コラム

設計方法を考えてみましょう！
まずは、自分なりのベースコーディングルールをまとめてみるのも良いでしょう。
それから案件を通して学び、良いものを徐々に取り入れていくというスタイルを続ければCSS設計が身についてくるでしょう。

1-4-2   まとめ

以上、CSSの基本から設計の章は終了です。これまで見てきたように、CSS自体はシンプルなので簡単に記述でき、その書き方を取得することでWebサイトの見た目を整えることができます。

一方、シンプルがゆえ崩れやすいといった問題点もあるので、まずはしっかりとCSSの基本を理解し、その重要なポイントであるCSS設計を取り入れ、自分なりの設計のルールを構築していくことが上達につながります。

02

1

2

3

4

CSSの基礎知識

この章では、主に1セレクタ、2カスケードと継承・詳細度、3ブロックボックスとインラインボックス、4ボックスモデル、5マージンの相殺、6デフォルトスタイルシートとリセットCSSといった6つのCSSの主な機能を解説していきます。

これらの使用方法をを理解しておくことで、きちんとしたCSS設計につながる指針となるでしょう。

きちんと理解しておく
CSSの基礎知識

2-1-1　きちんと理解しておくCSSの基礎知識

CSS のプロパティはエディタの補完機能を使用したり、必要な時に調べることができますので、すべて覚えておく必要はありません。しかし、CSS について正しい知識を身に付け、本来の目的や意味を理解しておくことは重要です。

深く入る前に、少し仕様を振り返ってみたいと思います。

参考としては Web ブラウザ Firefox を作っている Mozilla が広く開発情報を発信していますので一度目を通しておくのがよいでしょう。

- ●HTML 入門（https://developer.mozilla.org/ja/docs/Learn/CSS/First_steps）
- ●CSS の第一歩（https://developer.mozilla.org/ja/docs/Learn/CSS/First_steps）

この節では次の 6 つを中心に解説していきます。どれも基本となる大事な知識ですのでしっかり理解してください。

1. セレクタ
2. カスケードと継承、詳細度
3. ブロックボックスとインラインボックス
4. ボックスモデル
5. マージンの相殺
6. デフォルトスタイルシートとリセット CSS

2-1-2 セレクタ

セレクタとは

CSS の基本的な文法はセレクタ・プロパティ・値の 3 つから構成されており、どの部分を装飾するのかを決める箇所がセレクタです。

セレクタの説明図

下記の例では Web ページ内すべての **text** クラスの要素に装飾が施されます。

例

```
.text { background:#ccc; }
```

複数のセレクタに同じプロパティを適用したい場合は、カンマ区切りでまとめることもできます。

例

```
.title,
.text { background:#ccc; }
```

セレクタの種類

セレクタには大きく4つのグループがあります。

1. 要素・クラス・ID によるセレクタ
2. 属性によるセレクタ
3. 擬似クラスおよび擬似要素によるセレクタ
4. 結合子

要素・クラス・ID によるセレクタ

要素・ID・クラスなど HTML 要素を対象とするセレクタです。

セレクタの基本である要素セレクタ（タイプセレクタ）、全ての要素に対して適用させることのできるユニバーサルセレクタ、同じ HTML 内では一度しか使用できない id 属性に使う ID セレクタ、一括で管理し、よく使用するクラスセレクタ、の4種類です。

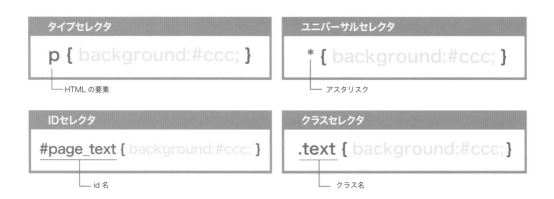

タイプセレクタ
p { background:#ccc; }
└─ HTML の要素

ユニバーサルセレクタ
* { background:#ccc; }
└─ アスタリスク

IDセレクタ
#page_text { background:#ccc; }
└─ id 名

クラスセレクタ
.text { background:#ccc; }
└─ クラス名

要素セレクタ（タイプセレクタ）

要素セレクタ（タイプセレクタ）とは HTML 要素を対象とするセレクタです。

要素セレクタの詳細度は要素・ID・クラスの中で最も低くなります。

次のように **p** 要素など要素を直接指定することを言います。

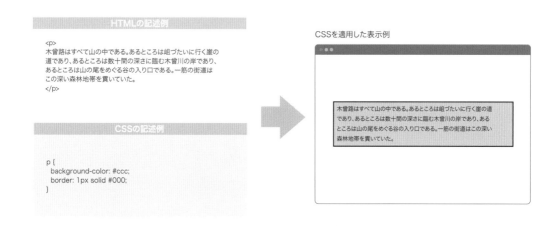

p 要素に直接スタイルを指定することによって全ての **p** 要素に対してスタイルを適用することができます。

要素名を直接指定しているため HTML 全体に影響する場合があります。

実際に使用する場合は、結合子など使用して予測できる箇所に絞り込んで使うとよいでしょう（結合子については P.86 で解説します）。

知っておくポイント

タイトルの **span** に対してや、**ul** の **li** に対してなど、使い方が限定できる箇所に指定するのが良いでしょう。

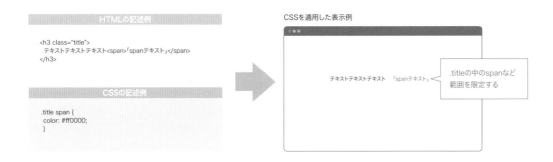

ユニバーサルセレクタ

ユニバーサルセレクタとは全ての要素に対して適用させることができるセレクタです。

ユニバーサルセレクタは *（アスタリスク）で表します。

ユニバーサルセレクタの記述は詳細度に影響を与えません。

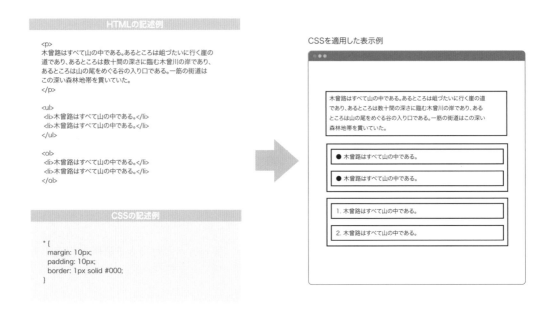

全ての要素に対して適用させることができますので、HTML 全体に影響する場合があります。スタイルのリセットなど特定の状況で使用するのがよいでしょう。

使用する場合はユニバーサルセレクタも要素セレクタ同様に結合子など使用して次のように予測できる箇所に絞り込んで使うのが良いでしょう。

知っておくポイント

ボックスのような要素を囲むクラスがあったとして最後にどの要素が入るのか分からない場合、結合子や擬似クラスを合わせて使用するとボックスの最後の要素を指定して余白を揃えるような使い方ができます。結合子や擬似クラスは後の節で説明します。

特定の要素 > *:last-child

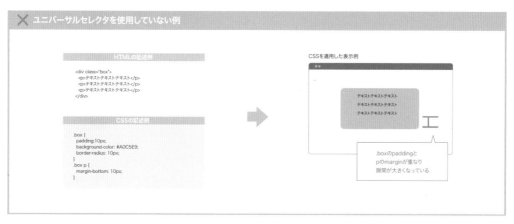

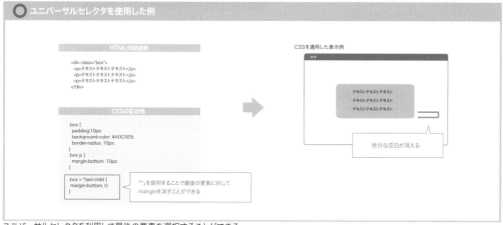

ユニバーサルセレクタを利用して最後の要素を選択することができる

IDセレクタ

IDセレクタはHTMLのID属性でつけられたID名を指定することができるセレクタです。HTMLでは同じページの中でID属性の使用は1度限りという決まりがあり同じ名前は複数使用することができません。

IDセレクタの詳細度はCSSセレクタの中で最も高い詳細度を持っています。

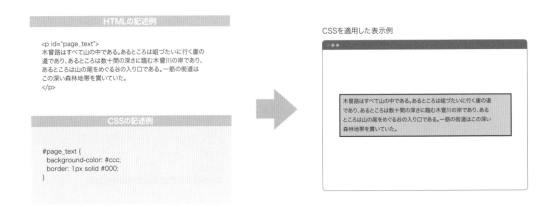

知っておくポイント

ID属性は同じHTML内で1度しか使用できません。

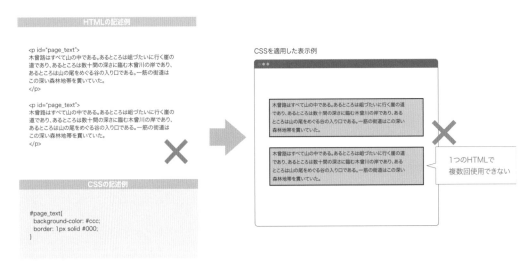

複数のID要素を使用することはできない

クラスセレクタ

クラスセレクタは HTML の class 属性でつけられたクラス名を指定することができるセレクタです。

クラスセレクタは .（ピリオド）クラス名という構造になっています。

クラスセレクタの詳細度は ID セレクタの次に高くなります。

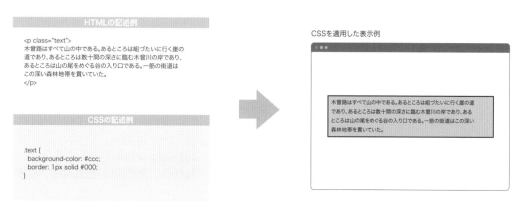

クラスセレクタを使用したCSSの指定例

知っておくポイント

クラスセレクタは同じページの中で複数使用することが可能で頻繁に使用します。

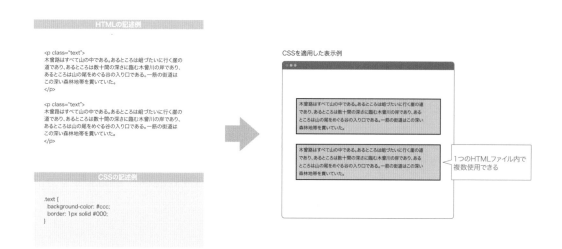

属性によるセレクタ

ID属性、クラス属性や、HTMLタグの属性を利用して指定することができるセレクタです。
次のような属性を持つ場合にマッチします。

HTMLタグの属性と一致する要素

特定の属性を持っているHTMLタグを選択したい場合はセレクタ名に**タグ名[属性名]**と指定します。
例では**a**タグで**target**属性を持っている場合に、**a[target]**と設定して背景色を変更しています。

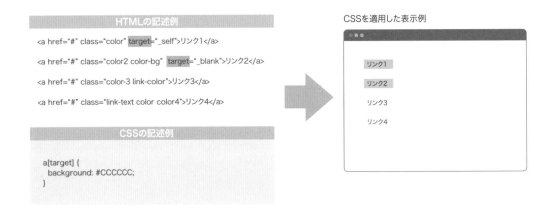

HTMLの記述例

```
<a href="#" class="color" target="_self">リンク1</a>
<a href="#" class="color2 color-bg" target="_blank">リンク2</a>
<a href="#" class="color-3 link-color">リンク3</a>
<a href="#" class="link-text color color4">リンク4</a>
```

CSSの記述例

```
a[target] {
  background: #CCCCCC;
}
```

CSSを適用した表示例

リンク1
リンク2
リンク3
リンク4

HTMLタグの属性と値が一致する要素

特定の属性と値が一致するHTMLタグを選択したい場合はセレクタ名に**タグ名[属性名="値"]**と指定します。
例では**a**タグで**target**属性の値が**_blank**である場合に、**a[target="_blank"]**を設定して背景色を変更しています。

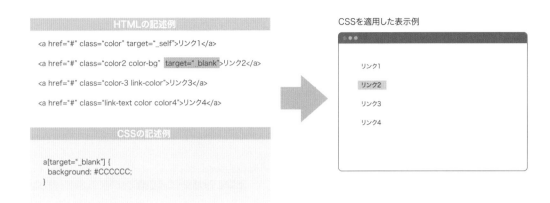

2

HTMLタグの属性の値が空白の区切りの単語に一致する要素

特定の属性と値、または値が空白区切りで複数指定されている場合も含んで選択したい場合は
セレクタ名に**タグ名[属性名 ~="値"]**と指定します。
例では**a**タグのクラス属性が**color**、または**color**を含んでいる場合背景色を変更しています。

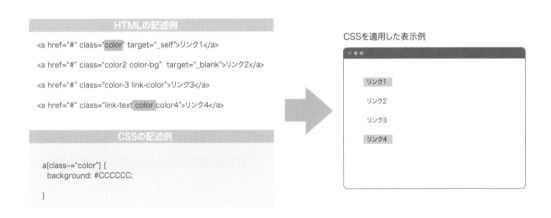

HTMLタグの属性の値が「〇〇」か「〇〇-」に一致する要素

特定の属性と値が一致するまたは値の直後に‐（ハイフン）が付くHTMLタグを選択したい場合はセレクタ名にタグ名 [属性名 |=" 値 "] と指定します。

例では a タグのクラス属性が color または color- である場合背景色を変更しています。

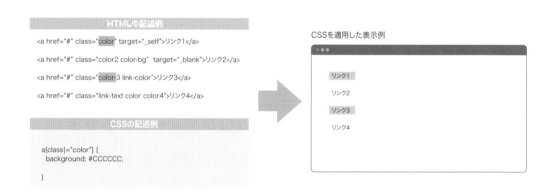

HTMLタグの属性の値が「〇〇」で始まる要素

特定の属性で値の始まりが一致するHTMLタグを選択したい場合はセレクタ名にタグ名 [属性名 ^=" 値 "] と指定します。

例では a タグのクラス属性が color で始まる場合背景色を変更しています。

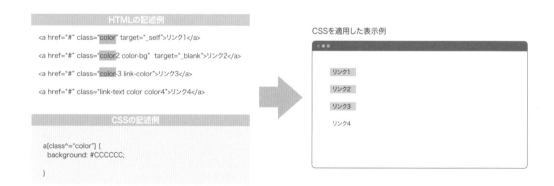

HTMLタグの属性の値が「○○」で終わる要素

特定の属性で値の終わりが一致する HTML タグを選択したい場合はセレクタ名にタグ名［属性名 $=" 値 "］と指定します。
例では **a** タグのクラス属性が **color** に終わる場合背景色を変更しています。

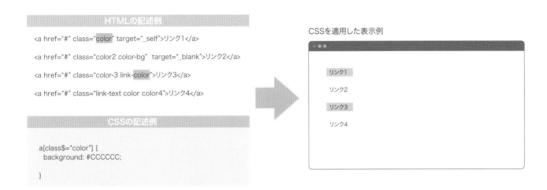

HTMLの記述例

```
<a href="#" class="color" target="_self">リンク1</a>

<a href="#" class="color2 color-bg" target="_blank">リンク2</a>

<a href="#" class="color-3 link-color">リンク3</a>

<a href="#" class="link-text color color4">リンク4</a>
```

CSSの記述例

```
a[class$="color"] {
  background: #CCCCCC;

}
```

CSSを適用した表示例

リンク1
リンク2
リンク3
リンク4

HTML タグの属性の値に「○○」が含まれる要素

特定の属性で値が一部一致する HTML タグを選択したい場合はセレクタ名にタグ名［属性名 *=" 値 "］と指定します。
例では **a** タグのクラス属性に **color** が含まれる場合背景色を変更しています。

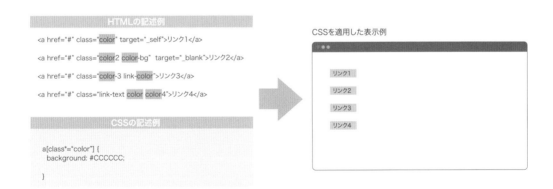

HTMLの記述例

```
<a href="#" class="color" target="_self">リンク1</a>

<a href="#" class="color2 color-bg" target="_blank">リンク2</a>

<a href="#" class="color-3 link-color">リンク3</a>

<a href="#" class="link-text color color4">リンク4</a>
```

CSSの記述例

```
a[class*="color"] {
  background: #CCCCCC;

}
```

CSSを適用した表示例

リンク1
リンク2
リンク3
リンク4

擬似クラスおよび擬似要素によるセレクタ

要素の特定の状態を指定するものは、擬似クラスといい、要素の状態に合わせて装飾を適用できます。さらに、マウスオーバー時など文章構造に関係するもの以外でも装飾を変化させることができます。また、要素そのものではなく要素の前後の部分などを指定するものは擬似要素といいます。

擬似要素はさまざまな用途に使用できるので、表現したいデザインに合わせて使用するとよいでしょう。

○○:擬似クラス

```
a:hover { background:#ccc; }
```

○○::擬似要素

```
a::before { background:#ccc; }
```

擬似クラス

擬似クラスはセレクタ＋擬似クラスで記述します。

擬似クラスは、要素の特定の状態に対して装飾を適用できます。

例えば **a** 要素に擬似クラスを指定してマウスオーバーした場合に文字色を変更したい場合は **a:hover** となります。

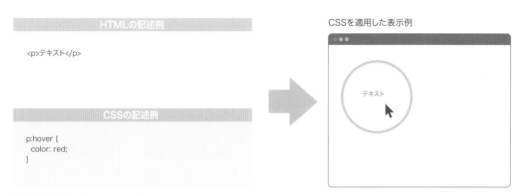

HTMLの記述例

```
<p>テキスト</p>
```

CSSの記述例

```
p:hover {
  color: red;
}
```

CSSを適用した表示例

マウスオーバー時など特定の状態に使用できる

擬似クラスは1つのセレクタに複数指定することができます。主な擬似クラスには次のような
ものがあります。

擬似クラス	説明
`:hover`	ユーザーがカーソルを合わせた場合
`:active`	ユーザーがクリックなど要素をアクティブにした場合
`:focus`	要素にフォーカスが当たっている場合
`:checked`	ラジオボタン、チェックボックスが選択されている場合
`:disabled`	要素が無効な場合
`:first-child`	兄弟の中で最初にある要素
`:last-child`	兄弟の中で最後にある要素
`:nth-child`	キーワードパターンを含む n 番目の要素

例では `li` 要素の3の倍数番目にだけ装飾を追加しています（次ページの図も参照）。

擬似クラス

```
li:nth-child(3n) {
    background: #CCCCCC;
}
```

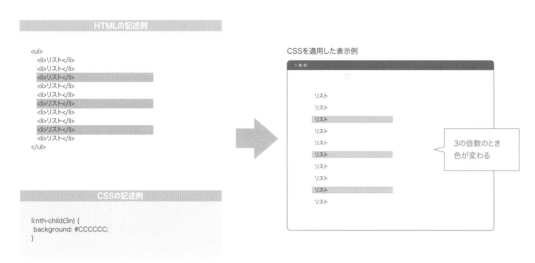

3の倍数に装飾を追加した例

このように便利なものがたくさんありますので、覚えておくとよいでしょう。

擬似クラス（https://developer.mozilla.org/ja/docs/Web/CSS/Pseudo-classes）

擬似要素セレクタ

要素そのものではなく要素の前後の部分などを指定するものは擬似要素といいます。
擬似要素は擬似クラスと似た動作ですが、要素に装飾を適用するのではなく、新しく擬似的な
要素を追加したうえで装飾を追加します。擬似要素は1つのセレクタに1つだけ使用すること
ができます。例えば ::first-line 擬似要素で、最初の行を指定して文字色を変更することがで
きます。

最初の列に装飾を追加した例

擬似要素は擬似的に要素を追加するということですので、次のように **span** 要素を使って指定をした場合も同じ結果になります。

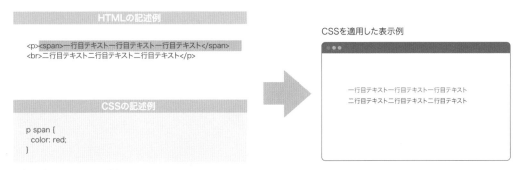

最初の列に span で囲んだ例

しかしこのような1行目を指定する場合は、文字数などが閲覧環境により変動しますので、擬似要素を使用した方が良いでしょう。

擬似要素は :: （コロン）をふたつ使用します。

主な擬似要素には次のようなものがあります。

擬似要素	説明
`::first-line`	選択した要素の最初の行
`::first-letter`	選択した要素の最初の行の最初の文字
`::before`	選択した要素の最初に擬似要素を作成する
`::after`	選択した要素の最後に擬似要素を作成する
`::selection`	ユーザーがマウスやドラッグで選択した場合

次の例では **p** 要素の前後に擬似的にテキストを追加しています。

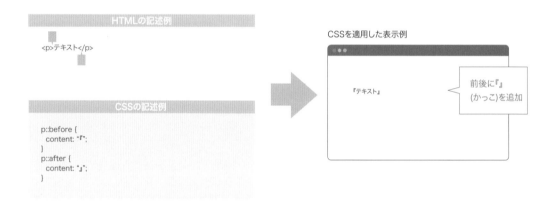

このように便利なものがたくさんありますので、覚えておくとよいでしょう。

擬似要素セレクタ (https://developer.mozilla.org/ja/docs/Web/CSS/Pseudo-elements)

結合子

セレクタで結合子を利用すると、HTML 内の要素内選択を行うことができます。
CSS は結合子を使用することで、複数のセレクタを組み合わせて指定することができます。

子孫結合子	子結合子
p a { background:#ccc; }	p > a { background:#ccc; }

隣接兄弟結合子	一般兄弟結合子
p + a { background:#ccc; }	p ~ a { background:#ccc; }

2

子孫結合子

セレクタの親子関係を表したい場合に使用する結合子を子孫結合子と言い、セレクタを半角スペースでつなぐことで指定できます。

子孫結合子は頻繁に使用しますので一番使う結合子となるでしょう。

次の例では .parent-div を親（先祖）にもつ .child-p の場合に背景色を変更しています。

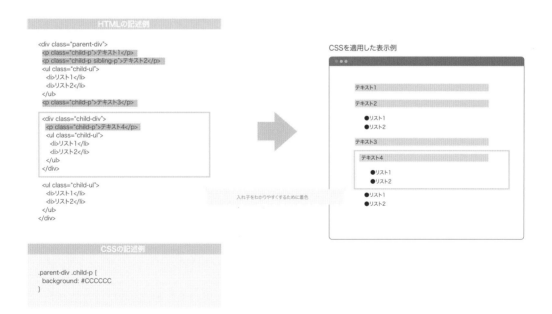

HTMLの記述例

```
<div class="parent-div">
  <p class="child-p">テキスト1</p>
  <p class="child-p sibling-p">テキスト2</p>
  <ul class="child-ul">
    <li>リスト1</li>
    <li>リスト2</li>
  </ul>
  <p class="child-p">テキスト3</p>

  <div class="child-div">
    <p class="child-p">テキスト4</p>
    <ul class="child-ul">
      <li>リスト1</li>
      <li>リスト2</li>
    </ul>
  </div>

  <ul class="child-ul">
    <li>リスト1</li>
    <li>リスト2</li>
  </ul>
</div>
```

入れ子をわかりやすくするために着色

CSSを適用した表示例

テキスト1
テキスト2
●リスト1
●リスト2
テキスト3
テキスト4
●リスト1
●リスト2
●リスト1
●リスト2

CSSの記述例

```
.parent-div .child-p {
  background: #CCCCCC
}
```

子結合子

セレクタの親子関係で直接の親子を指定したい場合に使用する結合子を子結合子と言い、セレクタを **>** でつなぐことで指定できます。

子孫結合子と同じく親子関係を表すセレクタですが子結合子は直接の親子である必要があります。次の例では **.parent-div** の直下にある **.child-p** の場合に背景色を変更しています。

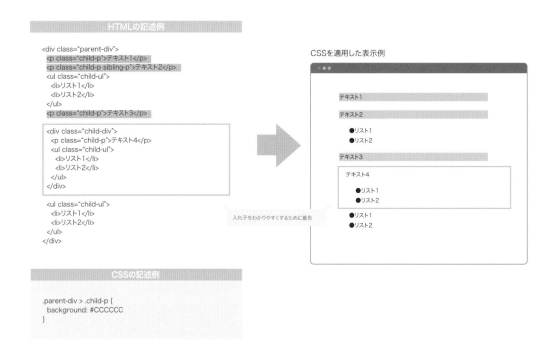

隣接兄弟結合子

セレクタで隣接する直後の要素を指定したい場合に使用する結合子を隣接兄弟結合子と言い、同じ親を持っている必要があります。

子結合子はセレクタを **+** でつなぐことで指定できます。

次の例では **.sibling-p** に隣接する直後の **.child-ul** の場合に背景色を変更しています。

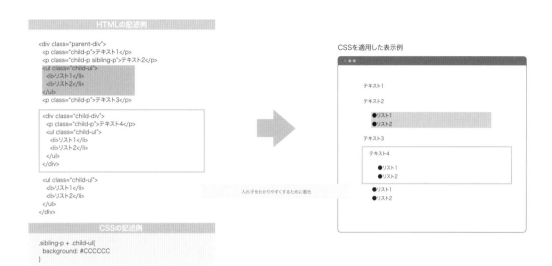

一般兄弟結合子

セレクタで特定の要素以降の要素を指定したい場合に使用する結合子を一般兄弟結合子と言い、同じ親を持っている必要があります。

子結合子はセレクタを ~ でつなぐことで指定できます。

次の例では `.sibling-p` 以降に存在する `.child-ul` の場合に背景色を変更しています。

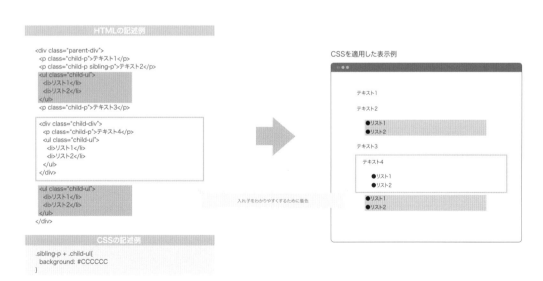

2-1-3 カスケードと継承、詳細度

1-2-3でも解説しており、内容は重複しますが、ここではおさらいということで、カスケードと継承、詳細度をもう一度解説します。

CSSではカスケードという仕組みを理解する必要があります。

このほかに継承と詳細度という概念もあり、こちらもCSSを理解する上で重要になります。

カスケードと継承、詳細度を簡単に説明するとスタイルシートが同じ条件のセレクタで宣言が行われている場合、後から宣言されたものが適用されることをカスケードと言います。

同条件のセレクタがある場合、後から記述したもので上書きされる

```
.title {
    font-size:20px;
}

.title {
    font-size:30px;
}
```

継承は1-2 CSSの書き方でも説明しましたね。

CSSの継承とは次のようなHTML構造であった場合、親要素である **.title** で指定されている値を子要素である **span** に値を引き継ぐものがあるということです。

HTML
```
<h2 class="title">見出し<span>サブテキスト</span></h2>
```

親要素で指定されている要素は継承プロパティとよばれ、子の要素で継承プロパティの記述がなく上書きされなかった場合、親要素の値を取得します。

また、継承されるもの、継承されないものはプロパティによって異なります。

継承される場合は、次のように親要素の値を取得します。

CSS
```
.title {
  color:#000;
}

.title span {
  color: #ff0000; // 指定しなければ spanは#000になる
}
```

HTML
```
<p class="title">テキストテキストテキスト<span>「spanテキスト」</span>テキストテキストテキスト</p>
```

詳細度とは CSS でルールを設定する場合、ID セレクタ、クラスセレクタなど指定方法は様々ありますが、セレクタには点数があり指定されたセレクタ点数の合計が高いものが優先して表示されることをいいます。

これはセレクタに複数のルールがある場合どのルールを適用するかを決めるためです。

ID セレクタを使用すると高くなり、セレクタを複数設定するとさらに詳細度は上がります。

```
#body #main .title {
    font-size:20px;
}

#main .title {
    font-size:20px;
}

h2.title {
    font-size:15px;
}

.title {
    font-size:30px;
}
```

詳細度が高い

詳細度が低い

詳細度に関しても 1-2 CSS の書き方で説明していますので、詳しく確認したい場合はもう一度振り返ってみてください。

2-1-4　ブロックボックスとインラインボックス

HTML要素をそのままブラウザに表示させると横幅いっぱいに表示される要素と横に並ぶ要素があります。これはCSSのブロックボックスとインラインボックスという2種類のボックスが関係しています。これらのボックスは、ページ上の他のボックスとの関係でボックスがどのように表示するかを決めています。

横幅いっぱいの要素

横幅を持たない要素

ブロックボックスの特徴

display プロパティの値が **block** などの要素はブロックボックスとなります。

100% の横幅と前後改行をもつため縦方向に配置されます。

HTMLの要素の標準でブロックボックスを生成する要素は次の要素が該当します。

`<address>`、`<article>`、`<aside>`、`<blockquote>`、`<details>`、`<dialog>`、`<dd>`、`<div>`、`<dl>`、`<dt>`、`<fieldset>`、`<figcaption>`、`<figure>`、`<footer>`、`<form>`、`<h1>`、`<h2>`、`<h3>`,`<h4>`、`<h5>`、`<h6>`、`<header>`、`<hgroup>`、`<hr>`、`<li>`、`<main>`、`<nav>`、`<ol>`、`<p>`、`<pre>`、`<section>`、`<table>`、`<ul>`

他には次のような特徴があります。

- ●ブロックレベル要素が生成する四角形の領域
- ●親要素の幅と同じになり全体に広がります
- ●改行して縦方向に配置されます
- ●幅、高さを指定することができます
- ●パディング、マージン、ボーダーで他の要素との間隔が広がります
- ●display:block の状態になります

ここで登場する **display** プロパティは次の項目で説明します。

※ブロックレベル要素はHTMLの説明となり、節の後半にあるコラムにまとめています。

インラインボックスの特徴

display プロパティの値が **inline** などの要素はインラインボックスとなります。
要素分の横幅を持ち、前後は改行されず、横方向に配置されます。
HTML の要素の標準でインラインボックスを生成する要素は次の要素が該当します。

`<a>`、`<abbr>`、`<acronym>`、`<b>`、`<bdi>`、`<bdo>`、`<big>`、`<br>`、`<button>`、`<canvas>`、`<cite>`、`<code>`、`<data>`、`<datalist>`、`<del>`、`<dfn>`、`<em>`、`<embed>`、`<i>`、`<iframe>`、`<img>`、`<input>`、`<ins>`、`<kbd>`、`<label>`、`<map>`、`<mark>`、`<meter>`、`<noscript>`、`<object>`、`<output>`、`<picture>`、`<progress>`、`<q>`、`<ruby>`、`<s>`、`<samp>`、`<script>`、`<select>`、`<slot>`、`<small>`、`<span>`、`<strong>`、`<sub>`、`<sup>`、`<svg>`、`<template>`、`<textarea>`、`<time>`、`<u>`、`<tt>`、`<var>`、`<video>`、`<wbr>`

他には次のような特徴があります。

- インライン要素が生成する四角形の領域
- 改行されず横方向に配置されます
- 幅、高さの指定ができません
- 上下のマージンが適用されません
- パディング、ボーダーが適用されます。しかし、他の要素との間隔は広がりません
- display:inline の状態になります

※インライン要素はHTMLの説明となり節の後半にあるコラムにまとめています。

以上がブロックボックスとインラインボックスの基本となります。
また、ブロックボックスとインラインボックスは、**display** プロパティと大きく関係しています。

displayプロパティ

display プロパティとは要素の表示を設定するプロパティです。
display プロパティの指定は、細かく分類されており多岐にわたりますので詳しくはMDNのリンクを参考にしてみてください。

display - CSS: カスケーディングスタイルシート｜MDN(https://developer.mozilla.org/ja/docs/Web/CSS/display)

ここでは **block** と **inline** の値に絞って説明したいと思います。
各HTML要素に対する **display** プロパティの初期値の多くは、**block** または **inline** のどちらかになっています。
一般的に幅いっぱいのブロックボックスは **display:block**、幅がなく横に並ぶインラインボックスは **display:inline** の状態になっています。

p要素は幅いっぱいに1行で表示され、span要素は幅がなく折り返して表示されている

CSS でさまざまなレイアウトをするには **display** プロパティの理解が重要です。細かくは **block** や **inline** 以外の指定もありますが、最初の時点では **block** と **inline** を理解しておくとよいでしょう。

コラム

CSS のブロックボックスとインラインボックスに関係して HTML にもブロックレベル要素とインライン要素があります。
ここで一度、HTML のブロックレベル要素とインライン要素について見てみましょう。

ブロックレベル要素

ブロックレベル要素は見出しタグや div タグのような、新しい行から始まり、横幅100% で前後に改行を含む要素を言います。
ブラウザでは一つの塊（ブロック）として扱われます。

`<p>ブロックレベル要素のサンプルです。ブロックレベル要素のサンプルです。</p>`

ブロックレベル要素のサンプルです。ブロックレベル要素のサンプルです。

ブロックレベル要素の p タグをブラウザで表示

インライン要素

インライン要素は p タグの中の span タグのように新しい行から始まらず必要な横幅のみ持ち、改行を持たない要素を言います。

```
<p><span>インライン要素</span>のサンプルです。<span>インライン要素</span>のサンプルです。</p>
```

インライン要素 のサンプルです。インライン要素 のサンプルです。

インライン要素の span タグをブラウザで表示

しかし、ブロックレベル要素とインライン要素は実は過去の仕様の話になります。
現在の HTML では「コンテンツカテゴリー」と言う形で要素が定義されています。
しかしながら、ブロックレベル要素とインライン要素の概念は残っていて、CSS 設計に繋がる重要な考え方となります。
これらはレイアウトを整える場合に大切ですのでしっかり理解しておきましょう。

参考
コンテンツカテゴリー (https://developer.mozilla.org/ja/docs/Web/Guide/HTML/Content_categories)
ブロックレベル要素 (https://developer.mozilla.org/ja/docs/Web/HTML/Block-level_elements)
インライン要素 (https://developer.mozilla.org/ja/docs/Web/HTML/Inline_elements)

2-1-5　ボックスモデル

CSS にはボックスモデルという概念があり、レイアウトを整える場合に重要なものとなります。
HTML の要素を表示する場合に、ボックスモデルに基づいた四角形の領域を作成します。

box-sizing プロパティは、要素の全体の幅、高さをどのように計算するのかを設定します。ボックスは次の 4 つの領域によって定義されます。

- ● コンテンツ領域
- ● パディング領域
- ● ボーダー領域
- ● マージン領域

コードを見ながらボックスモデルの基本を見てみたいと思います。

2

HTML

```
<div class="box">コンテンツ領域</div>
```

CSS

```
.box{
    width: 300px;
    margin: 30px;
    padding: 10px;
    border: solid 1px #000;
}
```

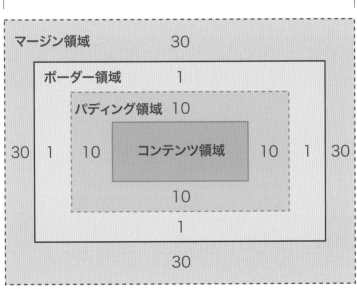

ボックスモデル

コンテンツ領域

コンテンツを表示する領域で、文字、画像など実際の要素の内容が表示されます。

初期状態では **width** プロパティ、**height** プロパティで幅と高さを指定することができます。

指定例
```
.box{
    width: 300px;
}
```

パディング領域

要素の内側に表示する余白を表す領域でコンテンツ領域とボーダー領域の間に存在します。

padding プロパティで指定することができます。

要素に背景色を指定した場合、パディング領域まで背景色が表示されます。

指定例
```
.box{
    padding: 10px;
}
```

ボーダー領域

ボーダーを表示する領域で、パディング領域の外側に表示されます。

指定例
```
.box{
    border: solid 1px #000;
}
```

マージン領域

マージンを表示する領域で、ボーダー領域の外側に表示されます。

margin プロパティで指定することができます。

指定例
```
.box{
    margin: 30px;
}
```

box-sizing プロパティ

ボックスモデルには 2 通りの振る舞いがあり、**box-sizing** プロパティを使うことでを切り替えることができます。

box-sizing プロパティは、要素の全体の幅、高さをどのように計算するのかを設定します。下図のように **box-sizing:content-box;** と **box-sizing:border-box;** とがあります。初期値では **content-box** となっています。

content-box

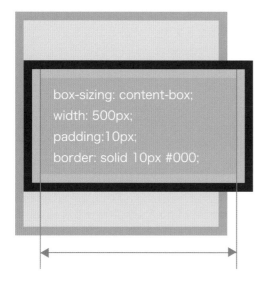

コンテンツ領域の幅が500pxになるため、
全体は540pxになる

border-box

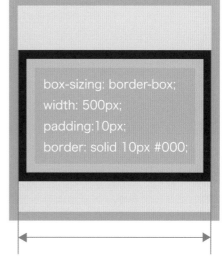

ボーダー領域を含めて幅が500pxになる

content-box

width、**height** の値はコンテンツ領域の幅、高さを表します。

したがって次のコード例では要素全体の幅は **540px** となります。

```
.box {
  box-sizing: content-box;
  width: 500px;
  padding:10px;
  border: solid 10px #000;
}
```

border-box

width、**height** の値はボーダー領域を含めた幅、高さを表します。

したがって次のコード例では要素全体の幅は **500px** となります。

```
.box {
  box-sizing: border-box;
  width: 500px;
  padding:10px;
  border: solid 10px #000;
}
```

このように **box-sizing: border-box** を使えば幅、高さがボーダー領域を含む形になりますので幅、高さの計算がシンプルになります。Bootstrap 等の CSS フレームワークを見てみると **box-sizing: border-box** をあらかじめ 全要素に指定するようになっています。この指定は後から変更が難しいため、全要素に指定するかしないか最初に決めておくのがよいでしょう。

2-1-6 　マージンの相殺

CSS は上下の隣接する要素に対してマージンの相殺という動作があります。

慣れるまでは特殊に感じますが、理解できると相殺を利用してシンプルにコードを書くことができます。

マージンの相殺は、基本的に次の 3 つの場合に発生します。

隣接兄弟要素

こちらが一般的なマージンの相殺となり上下に並んだ要素のマージンは相殺されます。
このように隣接する要素の上下にマージンがある場合は

HTML
```
<div class="box1">
  <p>上の要素</p>
</div>

<div class="box2">
  <p>下の要素</p>
</div>
```

CSS
```
.box1 {
  margin-bottom:60px;
}

.box2 {
  margin-top: 30px;
}
```

次のように **90px** にはなりません。

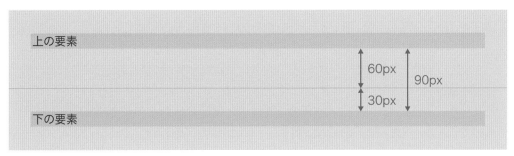

実際はこのようにならない

実際には、要素間のマージンは大きい方である **60px** に合わせて相殺されます。

マージンは上下で相殺される

親と子孫を隔てるコンテンツがない場合

入れ子のコンテンツで最初と最後の要素が親子で接している場合、相殺が起こります。

HTML

```html
<div class="box1">
  <p>上の要素</p>
</div>

<div class="box2">
  <div class="box2-child">
    <p>子要素</p>
  </div>
  <p>下の要素</p>
</div>
```

CSS

```css
.box1{
  margin: 0;
}

.box2{
  margin-top: 30px;
  height:100px;
}

.box2-child{
  margin-top: 60px;
}
```

次のように親要素に **30px**、子要素 **60px** にはなりません。

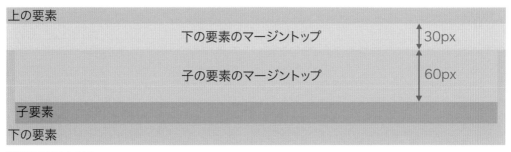

実際はこのようにならない

実際には、子要素が親要素をはみ出し要素間のマージンは大きい方である **60px** に合わせて相殺されます。

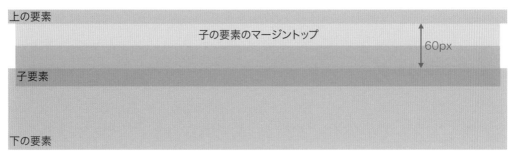

子要素が親要素（下の要素）をはみ出して上の要素と上下の相殺が起こる

注意する点としては隔てるコンテンツがある場合、親要素と子要素の間にパディング、ボーダー、別の要素などある場合は相殺は起こりません。

例えば、親である **.box2** にボーダーを指定します。

```
.box2{
   margin-top: 30px;
   height:100px;
   border-top: 1px solid #000;
}
```

すると先ほどのマージンが相殺しないことを確認できると思います。

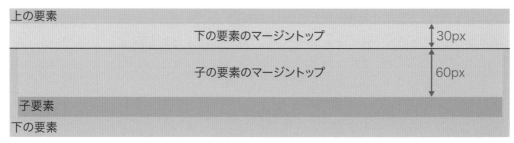

子要素間に一つでも要素はいれば相殺はおこらない

原理としてはマージンが重なる場合に相殺が起こります。

今回のように間に何か挟まると蓋をされたようになり、重なりがおきず相殺が起こりません。

また、マージンボトムについても同様の条件で相殺が発生しますが、相殺しない条件にパディング、ボーダー、別の要素に合わせて高さが加わります。

空のブロック

空のブロックの場合、自分自身の上下のマージンでも隣接するとみなされ相殺されます。

HTML

```
<div class="box">
  <p>上の要素</p>
</div>

  <div class="box1"></div>    ◀━  空のブロック

<div class="box">
  <p>下の要素</p>
</div>
```

CSS

```
.box {
  margin:0
}

.box1 {
  margin-top: 30px;
  margin-bottom: 10px;
}
```

次のように **40px** にはなりません。

実際はこのようにならない

実際には、要素間のマージンは大きい方である **30px** に合わせて相殺されます。

上下のマージン相殺される

以上がマージンの相殺になります。

他にも例外はありますがこの３つを理解しておくとよいでしょう。

2-1-7 デフォルトスタイルシートとリセットCSS

リセット CSS とはブラウザが標準でもっているデフォルトスタイルシートを打ち消す CSS です。リセット CSS と名前が付いていますが、特別な CSS というわけではなく通常の CSS と同じです。一般的にブラウザのデフォルトスタイルシートを打ち消してリセットするための記述を先頭にまとめて書いたものを指します。

なぜ、デフォルトスタイルシートを打ち消す必要があるのでしょうか。

Web制作のプロジェクトでCSSを記述する場合、まずベーススタイルを整えなければなりません。

ブラウザはそれぞれ、デフォルトスタイルシートといって初期スタイルが設定されており、HTMLに最低限の装飾が施されています。

初期スタイルはブラウザごとに違いがあり、違いを整えるためにリセットCSSを設定します。

参考にGoogle ChromeとSafari、Firefoxを例に見てみましょう。

次のように同じHTMLを表示させた場合でもフォントまわりや余白まわりが違うことがわかります。

```
<!DOCTYPE html>
<html lang="ja">
  <head>
   <meta charset="utf-8" />
   <meta name="viewport" content="width=device-width, initial-scale=1" />
   <title>デフォルトスタイル</title>
  </head>

  <body>
   <main>
     <h1>見出し1</h1>
     <h2>見出し2</h2>
     <h3>見出し3</h3>
     <ul>
       <li>マーク付きリスト</li>
       <li>
         マーク付きリスト
         <ul>
           <li>入れ子マーク付きリスト</li>
           <li>入れ子マーク付きリスト</li>
           <li>入れ子マーク付きリスト</li>
         </ul>
       </li>
     </ul>
     <ol>
       <li>番号付きリスト</li>
       <li>番号付きリスト</li>
       <li>番号付きリスト</li>
     </ol>

     <form>
       <table>
         <tr>
           <th>
             <label for="name">お名前</label>
           </th>
           <td>
             <input
                 type="text"
                 name="name"
```

↴ 次ページに続く

```
                id="name"
                value=""
                placeholder="姓名"
     />
    </td>
</tr>
<tr>
        <th>都道府県</th>
        <td>
         <select name="" value="">
                <option value="">選択してください</option>
         </select>
        </td>
</tr>

<tr>
        <th>検索エンジン</th>
        <td>
         <div>
                <div>
                  <input
                        type="checkbox"
                        name="description1-2"
                        value="Google"
                        id="description1-2_check1"
                  />
                  <label for="description1-2_check1">Google</label>
                </div>
                <div>
                  <input
                        type="checkbox"
                        name="description1-2"
                        value="Yahoo"
                        id="description1-2_check2"
                  />
                  <label for="description1-2_check2">Yahoo!</label>
                </div>
         </div>
        </td>
</tr>
<tr>
        <th>検索ブラウザ</th>
        <td>
         <div>
                <div>
                  <input
                        type="radio"
                        name="description1-1"
                        value="Google"
                        id="description1-1_check1"
                  />
                  <label for="description1-1_check1">Safari</label>
                </div>
                <div>
                  <input
                        type="radio"
                        name="description1-1"
                        value="Yahoo"
```

⤵ 次ページに続く

```
                                        id="description1-1_check2"
                            />
                            <label for="description1-1_check2">Chrome</label>
                        </div>
                        <div>
                            <input
                                    type="radio"
                                    name="description1-1"
                                    value="Yahoo"
                                    id="description1-1_check3"
                            />
                            <label for="description1-1_check3">Firefox</label>
                        </div>
                    </div>
                </td>
        </tr>
        <tr>
                <th>
                    <label for="">お問い合わせ</label>
                </th>
                <td>
                    <textarea
                            name=""
                            cols="40"
                            rows="4"
                            placeholder="具体的な内容をご記入ください"
                    ></textarea>
                </td>
        </tr>
    </table>
    <button type="submit">確認画面へ</button>
  </form>
 </main>
 </body>
</html>
```

Google Chrome、Safari、Firefox のデフォルトスタイル

このようにデフォルトスタイルシートはおおむね共通ですが、ブラウザごとに少しずつ異なっており細かな部分で違いがあることがわかります。

また、これらのスタイルシートは次のように公開されています。

Google Chrome（https://chromium.googlesource.com/chromium/blink/+/master/Source/core/css/html.css）

Firefox（https://dxr.mozilla.org/mozilla-central/source/layout/style/res/html.css）

Safari（https://trac.webkit.org/browser/trunk/Source/WebCore/css/html.css）

しかし、Web 制作でデザインを適用していく場合、ブラウザごとに違いがあると困ってしまうので一度ブラウザの違いがない状態にリセットしてあげる必要があります。

このブラウザ間の差異をなくすために、他のスタイルの前に記述してデフォルトスタイルを打ち消す方法としてリセット CSS と呼ばれるものが誕生しました。

リセット CSS には大きく次の 2 種類がありますが、リセット CSS の選択は CSS 設計においては大きな問題はありません。

どちらのリセット CSS を選択するかは制作者の好みによって違いがあります。しかし、リセット CSS は土台となるため今後の制作に影響を与えることになります。プロジェクトの途中から変更すると影響範囲が大きいため最初に決めておく必要があります。

リセット系

特徴としては各要素の余白、フォントサイズなど最初にまとめて打ち消すことで統一します。

- 見出しの上下など要素の余白が消える
- 見出しのフォントサイズが統一される
- リストの行頭マークの削除

フォーム関連はそのままですが、余白やフォントサイズをリセットされます。

参考に HTML5 Doctor CSS Reset（http://html5doctor.com/html-5-reset-stylesheet/）を先ほどページに適用してみましょう。

適用する手順は、CSS ファイルをダウンロードしてサイトに設置して使用します。
サイト中段の HTML 5 Reset Stylesheet のリンクからダウンロードできます。
Google Code のページへリンクしますのでリンク先へ移動してダウンロードします。

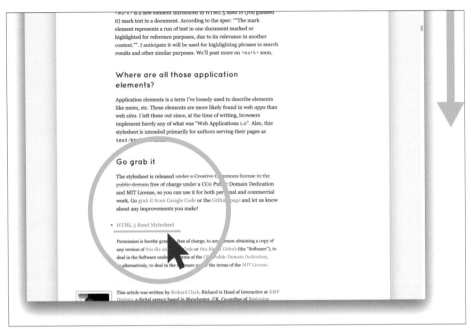

ダウンロードへのリンクをクリック

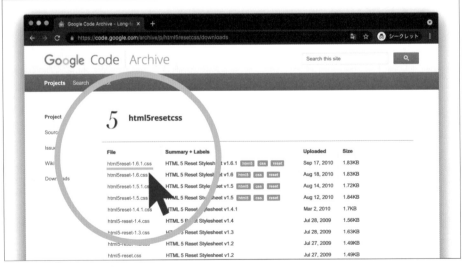

一番上のリンクからダウンロード

ダウンロードが完了したら、先ほどのコードを **head** 要素内でリンクさせます。

```
<head>
  <meta charset="utf-8" />
  <meta name="viewport" content="width=device-width, initial-scale=1" />
  <title>デフォルトスタイル</title>
  <!-- ダウンロードしたファイルを読み込ませる -->
  <link rel="stylesheet" href="assets/css/html5reset-1.6.1.css" />
</head>
```

正しく反映されていると次の画像のようになっているでしょう。

画像ではデフォルトスタイルと比べています。このようにスタイルが調整されていることがわかります。

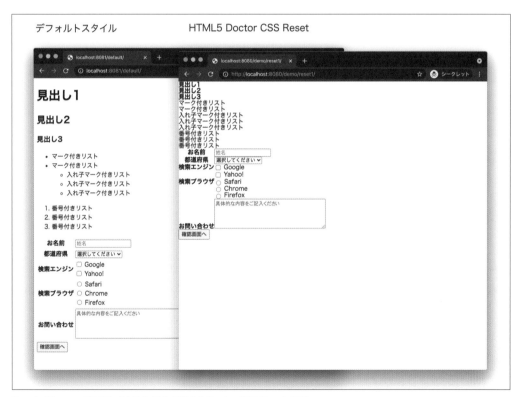

Google Chrome でのデフォルトスタイルと HTML5 Doctor CSS Reset の違い

このように見出しのフォントサイズや各要素のマージンの指定がリセットされたことがわかります。

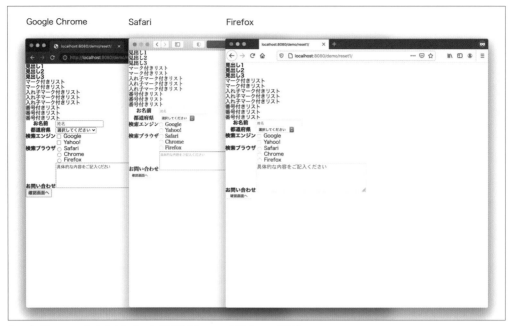

Google Chrome、Safari、Firefox に HTML5 Doctor CSS Reset を適用

ブラウザのデフォルトスタイルシートを打ち消して、まっさらな状態になり、HTML 要素に
よる違いがなくなります。このままでは使用することは難しいため使用する要素は正しく装飾
を当てる必要があり、一からのデザインを調整する場合に向いています。

ノーマライズ系

ノーマライズ系は、ブラウザデフォルトのスタイルを生かしつつブラウザ間の差異をなくします。
特徴としてはデフォルトスタイルのようにあらかじめ設定されたスタイルがあるため最低限の
見た目が確保されます。さらにブラウザ間でも共通化されているため使い勝手が良いです。

- body などの余白はリセットされる
- 見出しのフォントサイズや余白は保たれたまま共通化される
- リストなど有用なデフォルトスタイルはリセットしない

参考に normalize.css（http://necolas.github.io/normalize.css/）を先ほどのページに適用してみましょう。

適用する手順は、CSS ファイルをダウンロードしてサイトに設置して使用します。

まずは、公式サイトから CSS ファイルをダウンロードします。

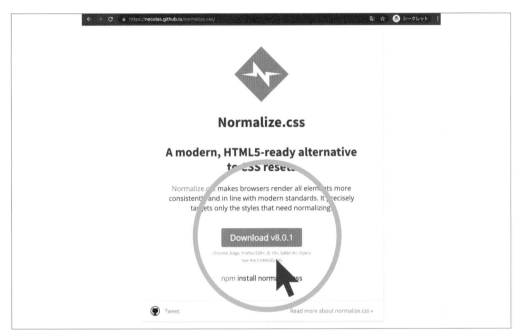

ダウンロードする

ダウンロードが完了したら、先ほどのコードを **head** 要素内でリンクさせます。

```
<head>
   <meta charset="utf-8" />
   <meta name="viewport" content="width=device-width, initial-scale=1" />
   <title>デフォルトスタイル</title>
   <!-- ダウンロードしたファイルを読み込ませる -->
   <link rel="stylesheet" href="assets/css/normalize.8.0.1.css" />
</head>
```

正しく反映されていると次の画像のようになっているでしょう。

画像ではデフォルトスタイルと比べています。このようにスタイルが調整されていることがわかります。

113

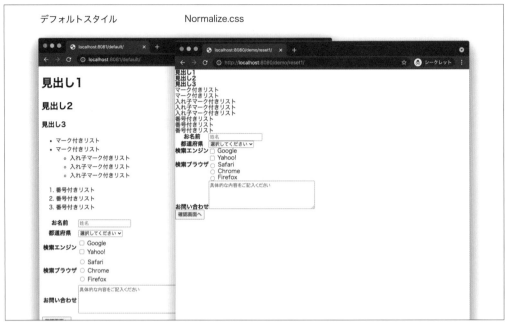

Google Chrome でのデフォルトスタイルと Normalize.css の違い

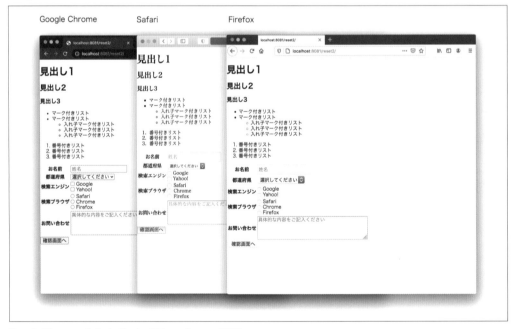

Google Chrome、Safari、FirefoxにNormalize.cssを適用

このように見出しのフォントサイズや各要素のマージンを保った上でブラウザ間の差異をなくしています。

最低限の見た目は保たれていますのでブラウザのデフォルトスタイルを活かしデザインを調整する場合に向いています。

リセット CSS は、もともとリセット系で全体を打ち消して差異をなくしていましたが、それでは必要以上に打ち消しを行うことで無駄が発生する、ブラウザの有用なスタイルまで消してしまうという意見があり、デフォルトの装飾を残しつつ差異をなくすという方法のノーマライズ系が登場しました。

どちらが正しいというのはありませんが、Web 制作のプロジェクトにおいては最初に全てを打ち消し、デザインの通りに調整できるリセット系の方が比較的使用しやすいかもしれません。冒頭にもありましたが、リセット系、ノーマライズ系のどちらを選択しても大きな問題はありません。

ただし、リセット CSS は土台となるため今後の制作に影響を与えることになります。プロジェクトの途中から変更すると影響範囲が大きいため最初に決めておく必要があります。

私は normalize.css をベースにフォントの指定など独自のスタイルを追加して使用しています。このようにそのまま使用するのではなく独自のスタイルを追加して使用するのもよいと思います。しかし、自分で追加したスタイルを見てみるとフォントサイズや余白の打ち消しを追加しており、結局全てリセットしてリセット系の形になっていると感じることもあります。

どれが正解ということもないので、プロジェクトやチームで納得できるものを使用すると良いでしょう。

私も定期的に見直しながら調整しつつ変更をしていますので、気になるリセット CSS を見かけた場合に、定期的に見直しつつよいものを取り入れていくのがよいでしょう。

リセット CSS の種類は豊富でたくさんのものが公開されていますので確認してみてください。

- Eric Meyer's CSS reset
- HTML5 Reset Stylesheet
- normalize.css
- Reboot.css
- sanitize.css

Chapter 2-2

CSSコーディングの
トラブルシューティング

2-2-1 CSSにトラブルはつきもの

CSS コーディングはさまざなまトラブルがつきものです。

経験を積んでいてもうまく表示できないなど問題が発生することもあります。

ここでは思い描いた通りの表示にならない場合の解決方法を紹介します。

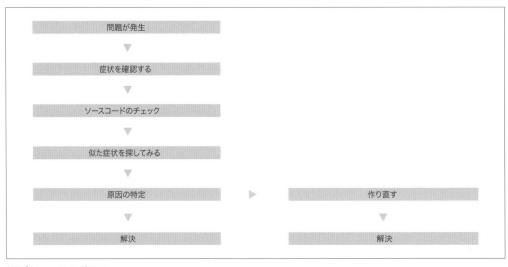

トラブルシューティングのフロー

2-2-2　トラブルシューティング

症状を確認する

何が原因でトラブルがおきているか分からずに手当たり次第修正しても解決には繋がりにくいです。

まずは症状を確認しましょう。

PCで発生するのか？スマートフォンのみで発生しているのか？ iOSのみか？ Androidのみか？など細かく発生の条件を見ていきます。

ソースコードのチェック

症状が判明したところでソースコードに大きな崩れ、エラーがないかチェックします。

HTML、CSSにはコードが適切に記述されているかどうかをチェックしてくれるサービスをW3Cが提供しています。

こちらを使用してタグの閉じ忘れなどエラーが出ていないかをチェックしましょう。

このようにコードをチェックすることをバリデーションといいます。

https://validator.w3.org

117

似た症状を探す

先輩などに聞ける環境にある場合、似た症状が発生したことがあるか聞いてみるのもよいでしょう。または、専門書やブログなどでも情報を得ることができます。
同様の症状を経験された方が解決方法をブログに残してくれている場合もありますのでこうした情報を元に原因を絞っていくことも可能です。

原因の特定

次に実際に細かい要素のチェックをしていきます。
チェックの表示はブラウザのデベロッパーツールを使いながら確認するのがよいでしょう。
ここでサンプルを例に見てみましょう。
サンプルでは flexbox で横並びにした子要素の高さが揃っていないという問題に直面しています。
これにより3段組の画像付きリストの高さが揃っておらず、背景色がバラバラになっています。
段組の枠線を常に同じ高さに合わせるようにするにはどのようにすると良いでしょうか。
作業を始める前に、コードに手を加える前の状態は必ずバックアップをとっておくようにします。

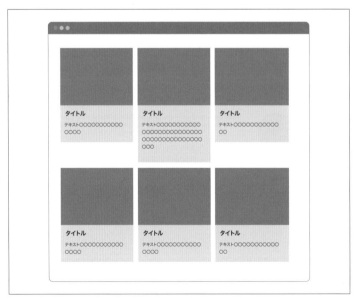

横並び画像リストの背景が揃っていない

まずソースコードの確認をしましょう。

HTML

```
<main class="main">
  <div class="grid">
   <div class="card">
     <a href="">
        <figure class="card_img">
          <img src="/assets/img/dummy/card.png" width="344" height="229" alt=""/>
        </figure>
        <div class="card_body">
          <h2 class="card_title">タイトル</h2>
          <p class="card_text">ダミーテキストダミーテキストダミーテキストダミーテキストダミーテキストダミーテキスト</p>
        </div>
     </a>
   </div>
   ...繰り返しのため省略
  </div>
</main>
```

CSS

```
.grid {
  display: flex;
  margin-right: -1.006%;
  margin-left: -1.006%;
  align-items: stretch;
  flex-wrap: wrap;
  align-items: stretch;
}

.card {
  width: 100%;
  margin-right: 1.006%;
  margin-bottom: 30px;
  margin-left: 1.006%;
  text-decoration: none;
  flex: 0 0 31.319%;
}

.card > a {
  display: block;
  text-decoration: none;
  color: inherit;
  background: #ccc;
}

.card > a:hover {
  opacity: 0.6;
}
```

↴ 次ページに続く

```
.card_img {
  width: auto;
  margin-right: auto;
  margin-left: auto;
  text-align: center;
}

.card_img img {
  width: 100%;
  height: auto;
}

.card_body {
  padding: 0.8rem;
}

.card_title,
.card_text {
  margin-bottom: 0.3rem;
}

.card_title {
  font-size: 1.2rem;
  font-weight: bold;
  line-height: 1.4;
}

.card_text {
  font-size: 1rem;
  line-height: 1.7;
}
```

ここでは、Google Chrome のデベロッパーツールを使ってみます。

デベロッパーツールの表示方法は Google Chrome の場合、その他ツール > デベロッパーツールと進むと表示されます。

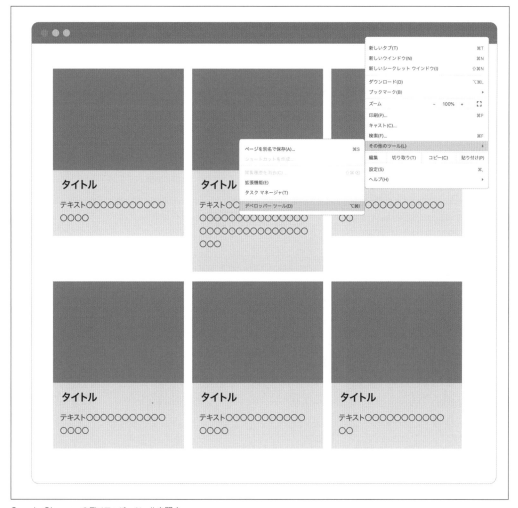

Google Chrome のデベロッパーツールを開く

該当箇所を選択します。まず、図のような HTML が表示されている箇所から、背景が揃っていない **.card** の表示部分を選択します。

すると高さは確保されていることがわかります。

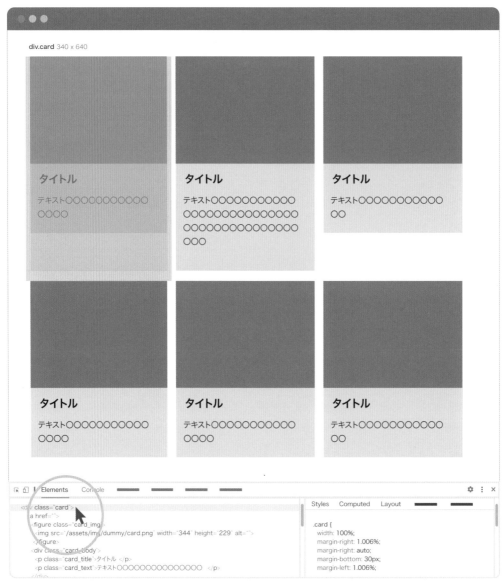

該当箇所を選択してみる

次はさらに下の階層である **a** タグに該当箇所を選択します。

先ほどと違い **a** タグで高さが隣に比べて低くなっているようです。

原因はこの付近にありそうだと推測できます。

ではどのように原因を追求していくとよいでしょうか。方法はさまざまですが、よくある手段として、次のようなアプローチで原因を絞っていきます。

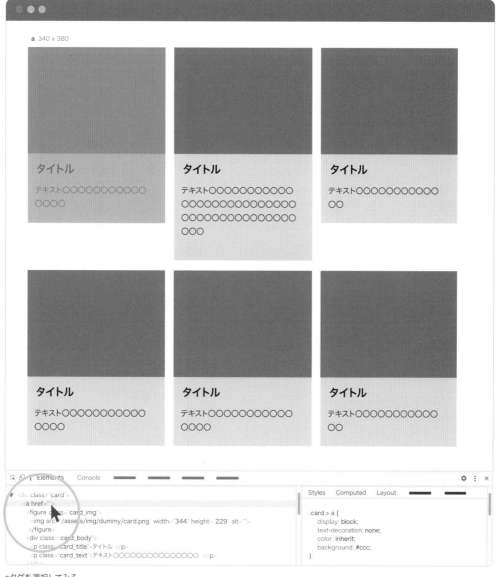

aタグを選択してみる

アプローチ1：変化させる

色を変えるなど変化を加えます。

枠線や背景色をつけて崩れている原因の場所を視覚的に確認できるようにするというのも良い手段です。ためしに親である `.card` に赤色の線をつけてみました。すると `.card` までは想定の高さが確保されていることがわかります。

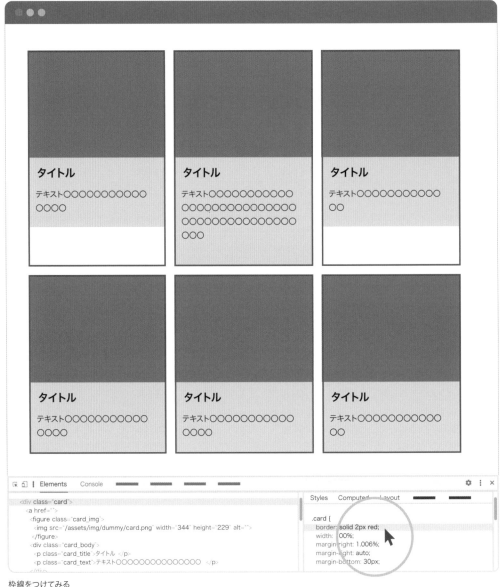

枠線をつけてみる

アプローチ2：シンプルにしていく

疑わしい箇所を削除またはコメントアウトして絞り込んでみるのも良いです。

徐々に HTML、CSS を絞り込んでコメントアウトして途中で症状が改善されれ一つ前のコードに原因があるということがわかりますので、一つ戻る、またはそこから別のアプローチを考えるなど対策を考えることができます。

疑わしい箇所をコメントアウトする

原因となるコードを特定する

では実際に原因となるコードを特定したいと思います。

今回のケースでは **display:flex** とした子の **.grid** の孫にあたる **.card > a** の高さが確保されていないことが原因でした。

結果から見ると次のように孫にあたる **.card > a** に高さを100%指定することで解決できます。

```
.card > a {
  height: 100%;
}
```

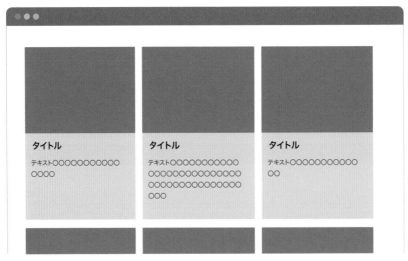

高さを確保する

無事解決しました。これで綺麗に背景が揃うことができました。

しかし、flexbox の孫要素の高さを出す方法は別の方法もあります。

そちらの方法も見てみましょう。

2つ目の方法は子要素である **.card** に対して **display: flex;** を追加することでも解決可能です。

```
.card {
  display: flex;
  align-items: stretch;
}
```

※ここではalign-items: stretch;を明示的に指定していますが、指定しなくても問題ありません。
　フレックスアイテムの場合、align-itemsを指定しない場合の初期値はnormalとなり動作はstretchと同じになります。

この2つの何が違うのでしょうか。

どちらも孫要素（**.card > a**）の高さを出していると言うことには変わりませんがアプローチが違います。

これには **height:100%** と flexbox の仕様が関係しています。

CSS の **height:100%** という値は親要素の高さから計算されます。このため当然ですが、親要素の高さが確定していない場合は高さが出ません。

ここでは **.card > a** から見ると親要素は **.card** になりますね。

しかし、以前の flexbox の仕様では **align-items:stretch** が指定された子要素（**.card**）は高さが確定されていませんでした。

途中仕様の変更があり現在 **align-items:stretch** は高さは確定されているため孫要素
（**.card > a**）で **height: 100%;** にしても高さを確保することができます。

このため、以前は **height: 100%;** は使えず孫要素（**.card > a**）で高さ不明だったため子
要素（**.card**）にも **display: flex;** を使用して高さを確保していたのです。

ですので、現在のブラウザ（Safari 11.1 以降）は **height: 100%;** の記述で問題ありませんが、
古いブラウザを考慮するのであれば子要素（**.card**）に **display: flex;** を指定する方法も
良いでしょう。

このように違うプロパティを使用しても同じ表示にすることができる場合もあります。

解決方法は 1 つだけでなく、別の切り口でも解決できる場合があることを覚えておくと良いで
しょう。

CSS フレックスボックスレイアウト（https://developer.mozilla.org/ja/docs/Web/CSS/
CSS_Flexible_Box_Layout）

align-items（https://developer.mozilla.org/ja/docs/Web/CSS/align-items）

https://ja.stackoverflow.com/questions/21422/flexbox の孫要素に height100 が効かな
い理由はなぜですか

修正する

無事原因を特定できた場合、修正を反映します。

デベロッパーツール上で編集をしていれば正しくコードに反映することを忘れないようにしま
しょう。不要なコードを残したままになっていたり、誤って必要なコードを削除している場合
もありますので周辺のコードを含めもう一度確認をするとよいでしょう。

解決できない場合

解決の糸口が見つからない場合は、最初から書き直すという手もあります。

意識して書き直すことで意外とシンプルに書くことができ問題が発生しなかったということも
あります。

どうしても解決できない場合は試してみてください。

まとめ

トラブルシューティングには情報収集が不可欠です。

些細な情報でも知っているというだけでゴールへの道がかなり近づきます。

普段から CSS の記事を意識して見たり、自分なりの解決方法をまとめておくといざという時に役に立つでしょう。

コラム

Chrome DevTools

Chrome DevTools（https://developer.chrome.com/docs/devtools/）は Google Chrome に組み込まれている検証ツールです。HTML や CSS を確認することができ、Google Chrome の場合、その他ツール > デベロッパーツールと進むと表示されます。

ブラウザに表示されている DOM ツリーと適用されている CSS を見ることができ確認時に重宝します。HTML、CSS コーディングでもっとも使うパネルは Element となります。

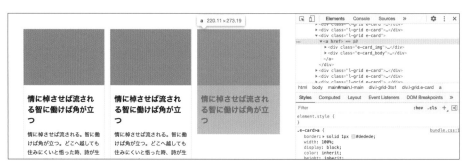

また、レスポンシブモードにするとスマートフォン時の画面で確認ができ、さらにスクリーンショットを撮影することも可能です。

さまざまなブラウザへの対応

2-3-1　ブラウザの種類

ブラウザには様々な種類があり代表的なところでは Chrome、Safari、Edge、Firefox などがあります。また、OS も様々で Windows、Mac、iOS、Android OS などがあります。
さらに、ブラウザや OS 共にバージョンの違いがありこれらすべてのパターンをチェックすることは現実的には不可能です。

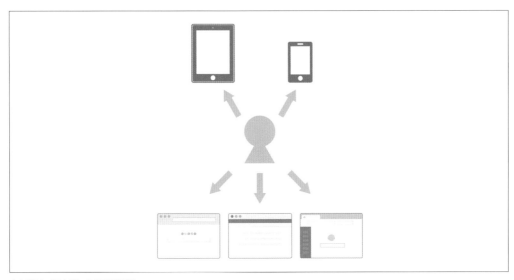

さまざまなブラウザへの対応が必要

これら各ブラウザは、機能として大きな違いは少ないですがリセット CSS で説明したように表示の解釈が少しずつ異なっている場合があるため細かな部分で違いがあり、Google Chrome と Safari で見た目が違うなど表示の差が出てきます。

このため Web 制作では重要なターゲットブラウザを決めて事前に対象範囲を明確にすることが多いです。

2-3-2 ターゲットブラウザの選定

ターゲットブラウザの選定方法はさまざまですが次の項目を基準として選んでいきます。

- 利用ユーザーのブラウザシェア
- Web サイトのターゲットユーザーのブラウザシェア
- ブラウザのサポート期間

また、ブラウザのバージョンですが基本的に自動アップデート機能が備わっていますので、実質最新バージョンを対応するという形で問題ないでしょう。

あまり細かく増やすとその分制作コストが増えてきますので、シェアの低いブラウザに関しては必要な情報の可読性を確保するという形で対応するなどできると良いでしょう。

この辺りを踏まえコストパフォーマンスの良い選定ができると理想的です。

対応ブラウザの例

パソコン

Windows 10以上	Firefox 最新バージョン　Google Chrome 最新バージョン　Microsoft Edge 最新バージョン
mac OS X以上	Firefox 最新バージョン　Google Chrome 最新バージョン　Apple Safari 最新バージョン

スマートフォン

iOS 13.0 以上	Apple Safari 最新バージョン
Android OS 9.0 以上	Google Chrome 最新バージョン

Browser Market Share Japan （https://gs.statcounter.com/browser-market-share/all/japan/）
ではブラウザのシェア率を確認することができます。
2020 年 1 月から 2021 年 1 月までを確認したところ Google Chrome が 47.23% と一番シェア
があるようです。

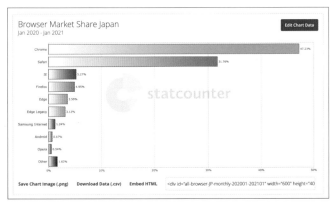

ブラウザのシェア

2-3-3　クロスブラウザ対応

ターゲットブラウザが決まったら次は、ターゲットブラウザではデザインが同じように見える
コーディングを進めていく必要があります。
このように複数のブラウザで見た目を同じにすることをクロスブラウザ対応と呼びます。

様々なブラウザ

しかしターゲットブラウザとはいえ、全て同じ見た目にすることは容易ではありません。現実的には難しいでしょう。

例えば、フォントですが、Windows と Mac など OS で違いがあります。また閲覧ユーザーが対象フォントをインストールしているか？など環境によっても違いが発生します。

ターゲットブラウザといえ数ピクセルの違いを修正していくことは、たとえ技術的に可能でも大きな労力となってしまいます。

例えば数ピクセル違いのデザインが許容できる場合、多くの時間を使った対応は不要な作業となってしまう場合があります。

このことから細かな違いはどこまで対応すべきか、事前に確認しておく必要があります。

理想としては、デザインに合わせる基本となるブラウザで細かな調整をし、その他のターゲットブラウザの細かな違いはデザイナーと相談しつつ調整できると良いでしょう。また、Web制作で使用する場合は自分で普段開発に使用するブラウザを決めておくとよいです。

本書では Google Chrome をベースに進めて行きたいと思います。

2-3-4　ブラウザで表示をチェックするポイント

ブラウザで表示をチェックする場合、次の項目に注意してください。

- ● ソースコードのエラーはないか
- ● デザインは再現できているか
- ● スクロールを確認する
- ● ブラウザサイズを変えてみる
- ● ズームで縮小してみる
- ● マウスオーバー、クリック、タップしてみる
- ● 極端なダミーを入れてみる

以上のことを一つ一つ見ていくことにします。

ソースコードのエラーはないか

エラーやタグの閉じ忘れなどないかチェックします。

高機能なエディタを使っている場合エディタの機能としてタグの閉じ忘れなど知らせてくれる
ものもありますので Markup Validation Service（https://validator.w3.org/）を活用する
のが良いでしょう。

```
<body>
<dv>
    <p class="text">木曾路はすべて山の中である。あるところ
    は岨づたいに行く崖の道であり、あるところは数十間の深
    さに臨む木曾川の岸であり、あるところは山の尾をめぐる
    谷の入り口である。一筋の街道はこの深い森林地帯を貫い
    ていた。
    </p>
    <p class="text">木曾路はすべて山の中である。あるところ
    は岨づたいに行く崖の道であり、あるところは数十間の深
    さに臨む木曾川の岸であり、あるところは山の尾をめぐる
    谷の入り口である。一筋の街道はこの深い森林地帯を貫い
    ていた。
    </p>

</body>
```

✕ divの閉じタグが無い

チェックすることでタグの閉じ忘れに気がつく

デザインは再現できているか

ブラウザでの表示がデザインを再現できているか？と言うことになり、表示をチェックするこ
とはもっとも重要な部分です。

方法としてはブラウザで表示されているもののスクリーンショットをとり、実際のデザインの
上に重ねて透かしてみるのが良いです。

時間はかかりますが、確実に同じ見た目に近づけることができます。

また、意図して一部変更している場合もあるため色、フォントサイズ、余白など見た目だけで
判断せずデザインの数値を確認するようにします。

この辺りはデザインによりますので少しのズレはまとめてもよいなど最初に擦り合わせておけると良いでしょう。

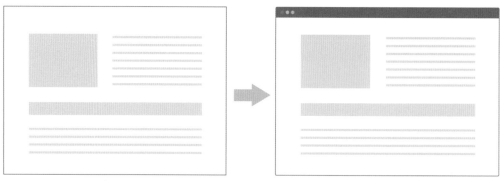

コーディング後のデザインとブラウザ表示を比較

スクロールを確認する

予期せぬ横スクロールが発生していないか確認します。
OS のスクロールバーは常に表示する設定にしておくとよいです。

上下左右スクロールしてみる

ブラウザサイズを変えてみる

小さい画面になった場合カラム落ちなどないかブラウザのサイズを変更して確認します。

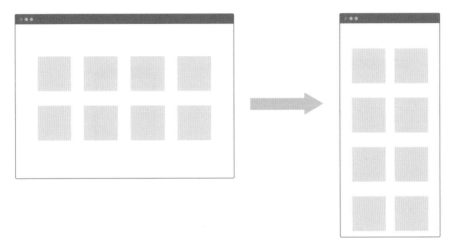

画面サイズを広げたり縮めたりしてみる

ズームで縮小してみる

ワイド型のデスクトップの閲覧を考え、ズームの値を変えて縮小表示して確認します。
背景画像など全体表示させている箇所などを注意してみると良いでしょう。

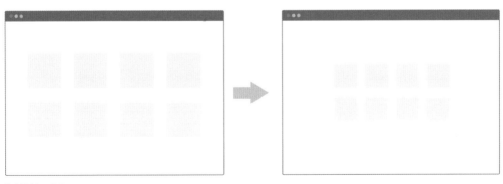

拡大縮小してみる

マウスオーバー、クリック、タップしてみる

ボタンや画像リンクなどクリックできる箇所が正しくクリックできているか、マウスオーバーのデザインは正しいかを確認します。また、リンク領域が狭すぎたりしない、スマートフォンなどタップが正しく機能しているかを確認します。

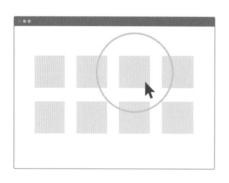

クリックやタップなどアクションを試す

極端なダミーを入れてみる

Webサイトを運用していくとデザインデータの見た目と同じだけの文字数でおさまるとは限りません。例えば一覧ページの概要文だったり見出しが長くなる可能性があったり、画像も常に正しいサイズが準備されているとは限りません。あえて長い文字やurlなど折り返しの効かない文字、比率の違う画像などを入れてみるとよいでしょう。

長すぎる文字をいれてみる

コラム

BrowserStack

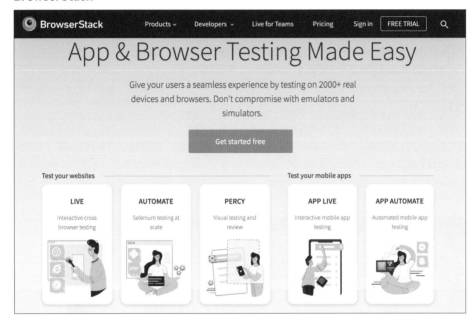

全てのターゲットブラウザを準備できて実際の実機でのテストができると良いですが、毎回準備するというのは大変で、あまり現実的ではありません。

そういった場合は色々なブラウザでの表示をチェックできる Web サービスを使うのも良いです。

BrowserStack（https://www.browserstack.com/）はさまざまな環境でブラウザのテストができるサービスです。

Windows OS、macOS のデスクトップ環境から iOS、Android などのモバイルのクロスブラウザ環境もチェックできます。

BrowserStack を利用すると使用したい環境を選択するだけで仮想環境を構築、確認、スクリーンショットをとることができます。

また、コマンドラインからも実行でき、さまざまなブラウザテストを自動化することも可能です。

さらに Local Testing といってローカル開発環境など公開されていない環境からも確認することができるので便利です。

コラム

Can I use…

ブラウザによって対応しているプロパティ、対応していないプロパティが存在します。

勧告となったものは追加されますが、ブラウザによっては新しい機能を段階的にサポートを進めており、勧告される前の勧告候補の仕様でも使用可能になることもあります。

このあたりの実装状況はブラウザによって変わってきます。

複数のブラウザに対応する場合、このプロパティはどのブラウザが対応しているか？を知っていなければなりません。しかし全て覚えておくのは大変ですよね。

普段使うものでしたら覚えているかもしれませんが、たまに出てくるプロパティなど忘れてしまいがちです。そういった場合、Can I use…（https://caniuse.com/）を使用してプロパティのブラウザ対応状況を確認することができます。試しに CSS のカスタム変数を調べてみたいと思います。

入力フィールドに variables と入れてみます。次のように表示されました。

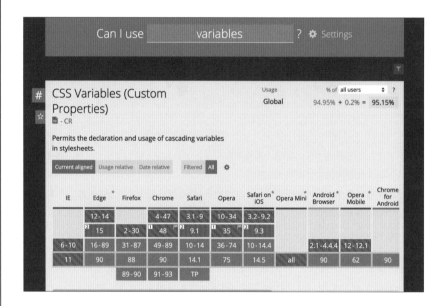

緑で表示されている箇所は対応しているブラウザです。

このようにブラウザ対応状況を簡単に調べることができます。

IE11 が赤で表示されており、未対応ということがわかりました。

IE11 がターゲットブラウザに入っている場合 CSS のカスタム変数は使用できないということがわかります。

ターゲットブラウザが対応していないとかであれば、コーディングのアプローチも変わってきますので気になったプロパティはこまめに確認してみるのがよいでしょう。

CSSを効率的に書く
Sass

前章では CSS の基本と重要性を学ぶことができました。

しかし現在の Web 制作では、純粋な CSS のみで制作をして管理されているということは少ないかもしれません。

Web サイトの規模に関わらず、CSS プリプロセッサと呼ばれるものを使用して CSS を管理・運用することが増えています。

CSS プリプロセッサとは CSS のメタ言語と呼ばれるもので、CSS にプログラミングに近い要素を取りいれてセレクタの入れ子や演算や条件分岐など便利な機能を使用することで CSS を拡張するものです。

しかし、プログラミングに近い要素といっても難しく考える必要はありません。

CSS の場合と同じで必要なものを少しずつ取り入れていくという形で問題ありません。

あくまで CSS の補助と捉え、細かいところは実際に使いながら理解していくとよいでしょう。

Chapter 3-1

Sassの基本

3-1-1　Sassとは

Sass とは Syntactically Awesome StyleSheet の略であり、CSS プリプロセッサと呼ばれるものの一つで CSS を拡張して、書きやすく・見やすくしたスタイルシートのことです。

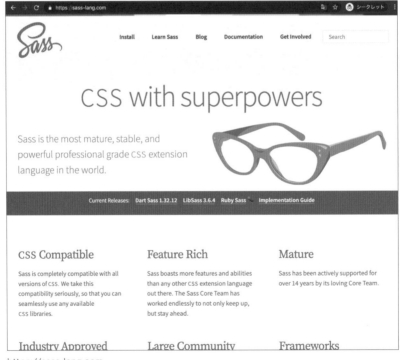

https://sass-lang.com

CSS は基本的にシンプルで扱いやすいですが、プログラムのような演算やコードの再利用などの機能はありません。

しかし、現在の Web 制作ではレスポンシブウェブデザインへの対応や CSS 設計を取り入れるなど CSS が複雑化しており純粋な CSS だけでは管理が難しくなっています。

例えば、同じ装飾を使い回したい場合は元のコードを重複して記述するしかなく、後で変更するにはすべて修正する必要があり、大変なうえ記述ミスや修正漏れが発生するかもしれません。

さらに、CSS に新しく便利な機能が追加されるとしても、CSS で扱えるようになるということは W3C から勧告される必要があり、簡単に機能拡張することはできません。

さらに各ブラウザへの実装が普及を待たなければいけませんので実際に使用できるのはかなり先の話になってしまいます。

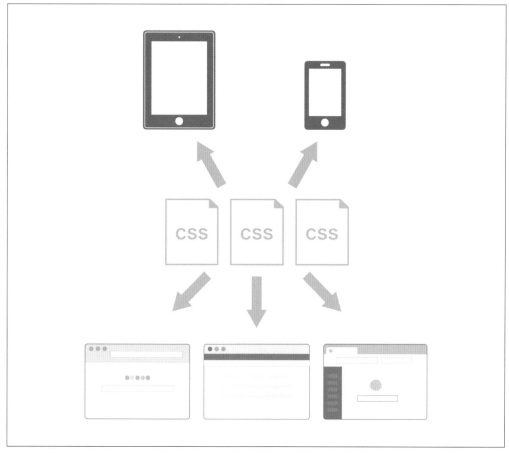

CSSはさまざまな環境に対応しなければならない

そこで、CSS にはまだ存在しない機能の仕様追加やブラウザの実装を待つのではなく、Sass のような便利な機能で CSS を拡張して管理し、Web サイトで使用する前に通常の CSS ファイルに変換（コンパイル）することで複雑化した CSS を管理しやすくしています。

具体的には、`.css` の拡張子である CSS ファイルではなく `.sass`、`.scss` などの拡張子を使用したファイルにコードを記述します。

その後 HTML に読み込ませる前に、開発環境などで事前に CSS ファイルにコンパイルして、読み込めるようになったファイルをサーバーにアップロードして使用します。

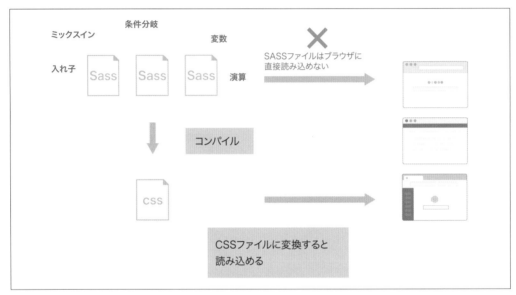

Sass ファイルだとブラウザで使用できないので CSS ファイルに変換して使用する

このように、Sass を使うとコンパイルする手間は増えますがその代わり CSS にない便利な機能を使えるようになります。

さらに、Sass そのものがさまざな環境で実装されてきました。

最初は Ruby で作られた Ruby Sass が登場しました。

その後に C/C++ で作られた LibSass、Dart で作られた Dart Sass が登場します。

現在 Ruby Sass はサポートが終了し、LibSass は非推奨となっています。

公式推奨は Dart Sass となり、今後の Sass は Dart Sass を使用するということで問題ないでしょう。また、後の章で解説しますが、Sass には、SASS 記法と SCSS 記法の 2 種類の記法が存在し、一般的には Sass といえば SCSS 記法を指します。

3-1-2 2種類の記法

Sass には、SASS 記法と SCSS 記法の次の 2 種類の記法が存在します。

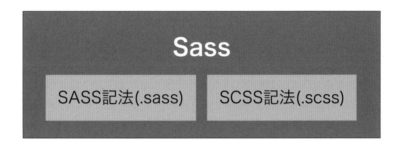

また、Sass の記述は、CSS ファイルに書いても使用することはできず、`.sass`、`.scss` などの拡張子を使用して記述する必要があります。

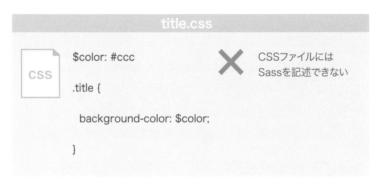

一般的に普及している記法は SCSS 記法で、CSS と互換性があります。

互換性とはそのまま使えるか？ということで、SCSS 記法は拡張子を `.css` から `.scss` へ変更することで Sass ファイルとして使用することができます。

ではなぜ 2 種類の記法が存在するのでしょうか。違いを見てみましょう。

SASS記法

まず SASS 記法ですが、Sass と同じ名前をしていますね。

その名の通り SASS 記法は Sass の最初に作られた記法となります。

SASS 記法の特徴として従来の CSS を簡素化して非常にシンプルにしたものでした。

- 波括弧を使わずインデントで処理する
- セミコロンの省略など記述を簡素化
- 拡張子は .sass

SASS

```
$color: #ccc

.title
  background-color: $color
  p
    font-size: 20px
```

コンパイルされるCSS

```
.title {
  background-color: #ccc;
}
.title p {
  font-size: 20px;
}
```

SASS 記法では、従来の CSS と書き方が大きく変わっているため、互換性はなく既存の CSS ファイルをそのまま Sass 化することはできません。

さらに、インデントや改行など細かく書式が決まっており、慣れるまでに時間がかかってしまうということもあり広く普及しませんでした。

SCSS記法

その後、CSS と互換性のある SCSS（Sassy CSS）記法が登場しました。
特徴としては Sass を CSS と同じ感覚で記述することができます。

- CSS と互換性があるので拡張子を変えるだけで使用できる
- CSS を書くように書ける
- 拡張子は .scss

SCSS

```scss
$color: #ccc;

.title {
    background-color: $color;

  p {
     color: $color;
    font-size: 20px;
  }
}
```

コンパイルされるCSS

```css
.title {
  background-color: #ccc;
}
.title p {
  font-size: 20px;
}
```

SCSS 記法は CSS と互換性があるため既存の CSS の拡張子を `.scss` とするだけで Sass ファイルになり、既存のプロジェクトにも簡単に使用することができます。
これにより既存の CSS ファイルを Sass ファイル化して Sass の機能を使いたい箇所のみ使用するなど、簡単に導入することが可能となり広く普及しました。
一般的には Sass といえば `.scss` を使用する SCSS 記法を指しますので本書でも SCSS 記法で記述していきます。

3-1-3 Sassのさまざまなコンパイル方法

基本的なコンパイル方法

Sass を使用するには SCSS ファイルを CSS ファイルへコンパイルする環境が必要です。

コンパイル方法は、GUI のコンパイルツールを利用したり、コードエディタの機能を使用したり、コマンドを入力する方法などさまざまありますが、npm-script や webpack などの CLI（コマンドラインインターフェース）が主流です。

本書では一番簡単に導入できる GUI のコンパイルツールをメインに紹介します。

コマンドラインの説明は最初難しく思えますが、慣れてくると徐々に使えるようになりますので、最初はそういうものだと思い、あまり手を止めず進めてみてください。また、1 つのツールにとらわれずプロジェクトや環境によって違いがありますので必要に応じて自分にあったものを導入してください。

※執筆時点ではこれから紹介するPreprosのDart Sass のバージョンは 1.32.13 です。
　以降で紹介する Sass の新しい割り算の書き方であるmath:div()はDart Sass 1.33.0から利用可能です。
　執筆時点のPreprosではmath:div()を使用できませんが、今後アップデートで使用可能となるでしょう。Preprosに限らずコマンドラインでも1.33.0 以前のバージョンを使用している場合、割り算はスラッシュ(/)を使用するようにしてください。

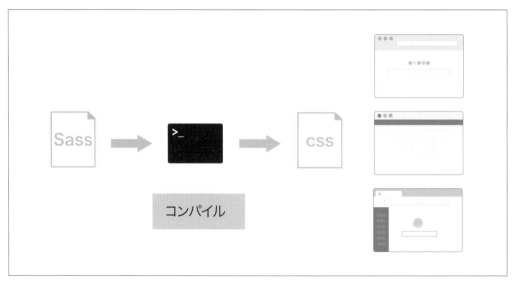

Sass ファイルはコンパイルして使用する

コンパイルツールを利用する

Prepros

Prepros（https://prepros.io/）は Windows、Mac で使えるコンパイルツールになります。無料で使用することは可能ですが定期的にライセンスの購入に関する表示が出現します。有料版にすることで非表示になりますので、業務で使用する場合は有料版を検討するといいでしょう。

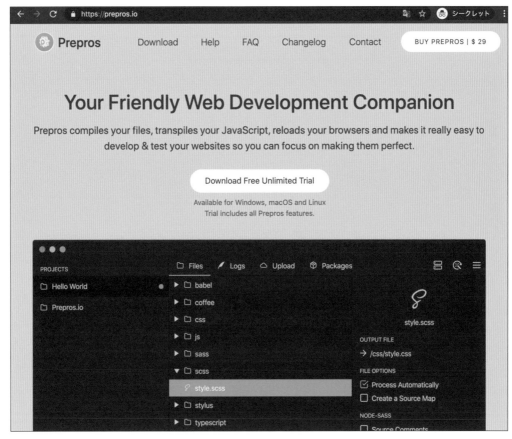

Prepros（https://prepros.io/）

Prepros をインストールする

公式サイトのダウンロードページへ移動します。

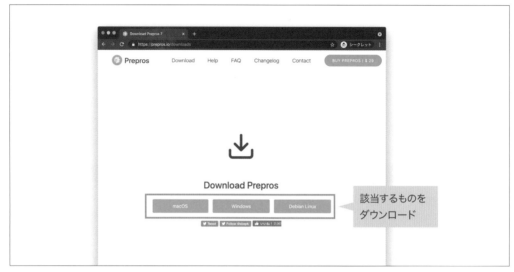

筆者は Mac 版をダウンロード

該当するソフトウェアをダウンロードしてソフトウェアをインストールします。
起動すると次のような画面が表示されます。

起動画面

プロジェクトを設定する

インストールが終わったら Prepros を起動します。

早速プロジェクトを設定してみましょう。

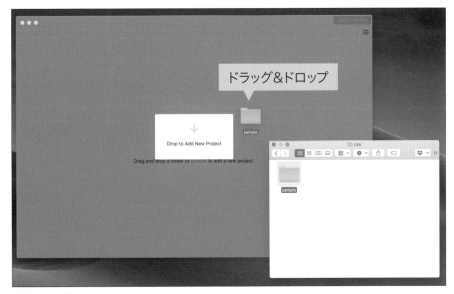

画面はmacOS版

プロジェクトの設定は簡単で作業フォルダを Prepros にドラッグ＆ドロップするだけです。

フォルダをドラッグ＆ドロップでプロジェクトが追加される

ドラッグ&ドロップ後、**prepros.config** という設定ファイルが作成されました。
これで準備は完了です。

SCSS ファイルをコンパイルしてみる

先ほど設定したプロジェクトのディレクトリは次のようになっています。

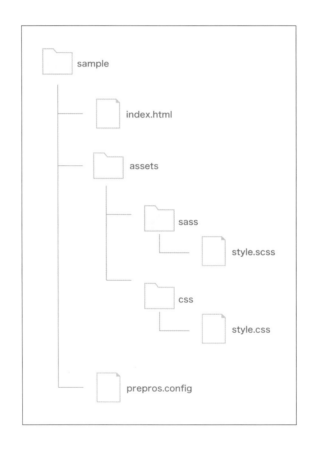

では、**assets/sass/style.scss** を編集してみましょう。

次のように SCSS 記法を記述してみましょう。

```
.test {
  p {
    color: #000;
  }
}
```

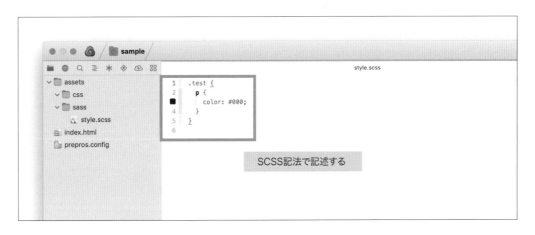

すると **assets/css/style.css** ファイルが自動で作成されました。

これでコンパイルは完了です。

いかがでしょう。簡単にコンパイルすることができました。

style.css

```
.test p {
  color: #000;
}
```

さらに修正してみます。

SCSS

```
body {
  background: #ccc;
}
.test {
  background: #fff;
  p {
    color: #000;
  }
}
```

保存後、修正箇所が自動でコンパイルされました。

CSS

```
body {
  background: #ccc;
}
.test {
  background: #fff;
}
.test p {
  color: #000;
}
```

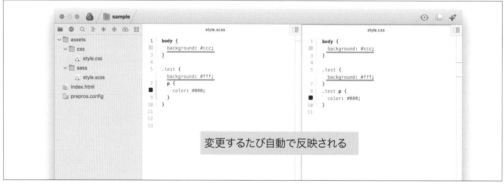

画面は左がSCSSで右がCSS

このようにプロジェクトを設定するだけでSassの監視がはじまり、保存するたびに自動的に
CSSファイルへコンパイルしてくれます。

さらにPreprosでは、書き出し先や、出力方法など設定を変更することができます。

ファイル単体であれば、該当ファイルを選択して右側の設定から変更可能です。

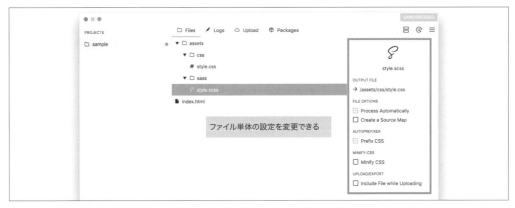

assets/sass/style.scss ファイルの設定画面

Source Map を使う

試しに Source Map を出力するように設定を変更してみましょう。

Source Map とはコンパイル前後の対応関係を記したファイルになり、使用すると Sass のデバッグや開発を楽にしてくれます。

CSS で何か修正したい場合、デベロッパーツールを見て該当箇所を絞りこむと、どの CSS ファイルの何行目に書かれているか表示してくれます。しかし、これでは Sass ファイルの何行目を修正するといいのかわかりませんので修正が大変になってしまいます。

このような場合、Source Map ファイルを作成しておくと、CSS ファイルではなく Sass ファイルの何行目と言う情報を表示してくれるようになるのです。

Prepros はすでに設定で準備されているため、チェックをオンにするだけで使用できるようになります。

Source Map は `xxx.css.map` の形式で作成され、.map なしのファイルと同階層に保存されます。

Source Map の設定

style.css.map ファイルが作成された

作成された CSS ファイルを見てみましょう。

```
body {
  background: #ccc;
}
.test {
  background: #fff;
}
.test p {
  color: #000;
}
/*# sourceMappingURL=style.css.map */
```

新たに最終行に Source Map ファイルへのパスがコメントで記述されています。

Source Map ファイルを見てみましょう。

Source Map の内容を細かく把握する必要はありませんが、次のような JSON の形式が出力されます。

style.css.map

```
{
  "version":3,
  "sources":["../sass/style.scss","style.css"],
  "names":[],
  "mappings":"AAEA;EACE,WAAA;ACDF",
  "file":"style.css"
}
```

実際にブラウザで表示してみましょう。

style.css.mapなし／style.css.mapあり

cssファイルの場所が表示される／sassファイルの場所が表示される

Google Chrome のデベロッパーツールで比較した図

Source Map なしの方はコンパイル後の style.css の場所を記していますが、Source Map ありの方がコンパイル前の style.scss ファイルの場所を記していることがわかります。

このように Sass ファイルの何行目と言う情報を表示してくれるようになるのです。

Prepros プロジェクト全体であれば、プロジェクトを右クリック > Project Settings から変更可能です。

プロジェクトの設定画面

詳しくは公式ページの Getting Started with Prepros（https://prepros.io/help/getting-started）を確認してください。

Sass のコンパイルだけではなく JavaScript や画像の圧縮など様々な最適化やローカルサーバー
を立ち上げることもできますので、気になった方は他も使用してみると良いでしょう。

CodeKit

CodeKit（https://codekitapp.com/）は Mac 専用のコンパイルツールになります。
有料のツールですがトライアル利用が可能です。
試用期間後、読み取り専用モードとなりコンパイルのみは引き続き無料で使用可能です。
プロジェクト全体が Mac 環境が統一できているのであれば管理者が有料版を所有して作業者
は読み取り専用モードで使用するというのもよいかもしれません。

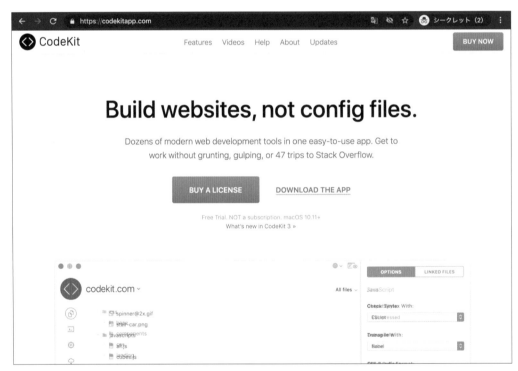

CodeKit（https://codekitapp.com/）

npm-script

次は Node.js のモジュールを管理する npm の機能である npm-script を利用して Sass をコンパイルしてみましょう。

コンパイルで使用する Sass ファイルは先ほど Prepros で使用したものと同じフォルダ構成とします。

npm-scripts とは

現在の Web 制作や JavaScript での Web 開発には、様々なフレームワークや効率化ツールが利用されており、それらはパッケージマネージャーというツールで管理されています。

npm は Node Package Manager の略で Node.js のモジュールを管理するためのツールです。

その npm の機能にタスクの処理ができる npm-scripts がありこれを利用します。

例えば次のような package.json があった場合、scripts の test の行が npm-scripts に該当します。

```
{
  "name": "3-1-3-npm-script",
  "version": "1.0.0",
  "description": "",
  "main": "index.js",
  "scripts": {
   "test": "echo \"Error: no test specified\" && exit 1"
  },
  "author": "",
  "license": "ISC"
}
```

次のように **npm run xxxx** とコマンドを実行します。

```
$ npm run test
> 3-1-3-npm-script@1.0.0 test
> echo "Error: no test specified" && exit 1

Error: no test specified
```

実行された結果がコマンドラインに表示されました。

npm-scripts はこのように package.json に記述することでコマンドを実行することができます。

npm-scripts を使うには

npm-scripts を使うには Node.js をインストールする必要があります。

https://nodejs.org/ja

Node.js のサイトにアクセスすると使用している OS に合ったダウンロードボタンが表示されます。LTS 推奨版のここではバージョン 14.17.3 をダウンロードしてソフトウェアをインストールします。

手順に沿って進めインストールが完了したら、コマンドプロンプトを開いて正しくインストールされているかバージョンを確認します。

Node.jsのバージョンを確認
```
% node --version
v14.17.3
```

npmのバージョンを確認
```
% npm --version
v6.14.13
```

Node.js と npm がインストールされると **npm** や **npx** のコマンドが使えるようになり次のようなコマンドでモジュールをインストールすることができます。

```
npm install モジュール名
npx install モジュール名
```

これで Node.js の準備が整いました。

package.json の作成

次に package.json を作成します。

npm がインストールされましたので npm init することで現在のディレクトリに package.json を作成することができます。

ここでは 3-1-3-npm-script というディレクトリを作成することにします。

ディレクトリの作成
```
% mkdir 3-1-3-npm-script
```

作成したディレクトリへ移動
```
% cd 3-1-3-npm-script
```

package.jsonの作成
```
% npm init
This utility will walk you through creating a package.json file.
It only covers the most common items, and tries to guess sensible defaults.

See `npm help init` for definitive documentation on these fields
and exactly what they do.

Use `npm install <pkg>` afterwards to install a package and
save it as a dependency in the package.json file.

Press ^C at any time to quit.
package name: (3-1-3-npm-script)
version: (1.0.0)
description:
entry point: (index.js)
test command:
git repository:
keywords:
author:
license: (ISC)
About to write to /Users/jun/3-1-3-npm-script/package.json:

{
  "name": "3-1-3-npm-script",
  "version": "1.0.0",
  "description": "",
  "main": "index.js",
  "scripts": {
```

➥ 次ページに続く

```
    "test": "echo \"Error: no test specified\" && exit 1"
  },
  "author": "",
  "license": "ISC"
}


Is this OK? (yes) yes
```

package.json へ記入する項目が表示されますがここでは全てリターンキーを押して進みます。すると最後に **Is this OK? (yes)** と質問が来ますので **yes** とすることで package.json が作成されます。

Sass モジュールをインストール
ここで Dart Sass のモジュールをインストールします。

Dart Sassのモジュールインストール

```
% npm i sass
```

```
{
  "name": "chapter03-npm-script",
  "version": "1.0.0",
  "description": "",
  "main": "index.js",
  "scripts": {
   "test": "echo \"Error: no test specified\" && exit 1"
  },
  "author": "",
  "license": "ISC",
  "dependencies": {
   "sass": "^1.35.2"
  }
}
```

scripts の部分を次のように修正して **npm run sass** と実行してみましょう。

```
"scripts": {
   "sass": "sass --version"
},]
```

```
% npm run sass
> 3-1-3-npm-script@1.0.0 sass
> sass     version

1.35.2 compiled with dart2js 2.13.4
```

Sass のバージョンが表示されて動作していることがわかりました。

それでは、npm-scripts で Sass をコンパイルしてみましょう。

```
"scripts": {
  "sass": "sass --watch assets/sass/:assets/css/"
},
```

npm run sass を実行します。

sass の watch が始まり、変更するたびに css ファイルを更新するようになりました。

これで npm-script から Sass をコンパイルすることができました。

詳しいコマンドラインはマニュアルを参考にしてください。

Sass: Dart Sass Command-Line Interface（https://sass-lang.com/documentation/cli/dart-sass）

watch を止めるときはコントロール +C で止めることができます。

静的サイトジェネレーター(11ty)＆webpack

実践向けに静的サイトジェネレーター（11ty）と webpack を利用したサンプルファイルを準備しました。

こちらもコンパイルで使用する Sass ファイルは先ほど Prepros で使用したものと同じフォルダ構成としますが、書き出し先のみ build フォルダに変更して書き出しています。

サンプルファイルは本書サポートサイトから入手できます。

https://book.mynavi.jp/supportsite/detail/9784839974824.html

詳細の説明は割愛いたしますので、サンプルファイルを利用してインストールから書き出しまでをチャレンジしてみてください。

① 3-1-3-11tyディレクトリへ移動

```
% cd 3-1-3-npm-script
```

② npm インストールする

```
% npm install
```

③ 変更ををウォッチする

```
% npm run dev
```

④ 書き出しをする

```
% npm run build
```

3-1-4　まとめ

これでコンパイルの準備は整いました。コンパイル環境はさまざまです。

最初はよくわからないまま設定をして、時間がかかってしまうということもあるかもしれません。

しかし、コンパイル環境を整えること自体がプロジェクトの目的ではありませんのであまりこだわりすぎず、まずは簡単にコンパイルする方法を身につけておきましょう。

実際にプロジェクトによって違いますので、その都度慣れていくという方法でが良いかもしれません。

慣れてきたら自分にあうものを選んでいくと良いと思います。

可能であれば、Node.js などコマンドラインで使うツールを一度自分で調べてインストールや設定を調整したり、色々試すことでより理解は深まるでしょう。

Sassの基本機能

3-2-1　Sassの機能

この節では次のように Sass 独自の機能について説明します。

- ネスト（入れ子）
- コメント
- 変数
- 補完
- 演算
- @- 規則
- 値の種類（データ型）
- 制御構文

3-2-2　ネスト(入れ子)

ネスト（入れ子）は Sass の代表的な機能といっても良いかもしれません。
まずはネスト（入れ子）がどういったものかみてみましょう。
参考として次のような HTML があったとします。

HTML

```
<main id="main">
    <section id="section1">
        <h2>タイトル</h2>
        <p>テキストテキストテキストテキストテキスト</p>
        <table>
                <tr>
                        <th>見出し</th>
                        <td>テキスト</td>
                </tr>
        </table>
    </section>
    <section id="section2">
        <h2>タイトル</h2>
        <p>テキストテキストテキストテキストテキスト</p>
        <ul>
            <li>リスト</li>
            <li>リスト</li>
            <li>リスト</li>
        </ul>
    </section>
</main>
```

全てにスタイルを指定したい場合、CSS では次のように書くことになります。

CSS

```
#main {...}
#main #section1 p {...}
#main #section1 table {...}
#main #section1 table tr {...}
#main #section1 table tr th {...}
#main #section1 table tr td {...}

#main #section2 p {...}
#main #section2 ul {...}
#main #section2 ul li {...}
```

記述を見るとわかるように、階層の深い要素にスタイルを指定したい場合、同じセレクタを何度も記述する必要があります。

セレクタのネスト（入れ子）

Sass のネスト（入れ子）を使って先ほどのコードを記述してみましょう。

SCSS

```
#main {
 #section1 {
  p {...}
  table {
   tr {
    th {...}
    td {...}
   }
  }

 #section2 {
  p {...}
  ul {
   li {...}
  }
 }
}
```

親セレクタの指定が一度で済みました。

ネストとは入れ子の意味で、このような親子関係を持ったセレクタを {} の中に入れ子で記述することで親子関係を表します。

ネストすることでコードの量が減っていることがわかります。さらに視覚的にも、親子関係の構造もわかりやすくなっています。

これをコンパイルすると次のように子孫結合子で表示されます。

CSS

```
#main {...}
#main #section1 p {...}
#main #section1 table {...}
#main #section1 table tr {...}
#main #section1 table tr th {...}
#main #section1 table tr td {...}

#main #section2 p {...}
#main #section2 ul {...}
#main #section2 ul li {...}
```

ここで、親要素である **#main** を **#main2** にしたいと修正が入ったとします。

この場合 CSS だと全ての **#main** を修正する必要がありますが、Sass の場合、次のように親の 1 箇所を修正すると、入れ子の要素すべてに反映されます。

SCSS

```
#main2 {    ←  #mainを#main2に修正
 #section1 {
    .
    .
    .
    }
}
```

CSS

```
#main2 {...}
#main2 #section1 p {...}
#main2 #section1 table {...}
#main2 #section1 table tr {...}
    .
    .
    .
#main2 #section2 ul {...}
#main2 #section2 ul li {...}
```

ネストで書くことで、記述量が減るだけでなくメンテナンス性も高くなることがわかります。

単純に入れ子にした場合、子孫結合子となりましたが隣接・間接結合子などを使用したい場合は、CSS 同様に > や + を指定することで使用できます。

次の場合を見てみましょう。

CSS

```
ul > li {...}
ul + li {...}
ul li ~ li {...}
```

Sass ではこのように記述することができます。

SCSS

```
ul {
 > li {...}
 + li {...}
 li {
  ~ li {...}
 }
}
```

この場合も子孫結合子同様にスペースで区切られてコンパイルされます。

CSS
```
ul > li {...}
ul + li {...}
ul li ~ li {...}
```

では、擬似クラスや擬似要素などスペースを含まない指定の場合はどのように記述すると良いでしょうか？
この場合は、& を使用して親セレクタの参照を使います。
次のようなスペースを含まない記述があったとします。

CSS
```
a:hover {...}
p::before {...}
div.title {...}
```

先ほど同様に Sass のネストで記述してみましょう。

SCSS
```
a {
  :hover {...}
}

p {
  ::before {...}
}

div {
  .title {...}
}

div {
    .title {...}
}
```

入れ子にしたものは次のようにスペース区切りでコンパイルされ、意図したコードになりません。

CSS
```
a :hover {...}
p ::before {...}
div .title {...}
```

このような場合に & を使い親セレクタを参照します。

SCSS
```
a {
 &:hover {...}
}

p {
 &::before {...}
}

div {
 &.title {}
}
```

& は記述した場所に親セレクタを出力することができますので、スペースを含まない意図した
コンパイルとなりました。

CSS
```
a:hover {...}
p::before {...}
div.title {...}
```

& は記述した場所に親セレクタを出力します。そのため、次のようにネストの外の親要素を指
定することも可能です。

SCSS
```
div {
 #main &.text {...}
 #side &.text {...}
}
```

CSS
```
#main div.text {...}
#side div.text {...}
```

実用性は低いですが次のような書き方も可能です。

SCSS

```scss
div {
  #main & & & &.text {...}
}
```

CSS

```css
#main div div div div.text {...}
```

さらに、BEM で書く場合次のように記述することが可能です。

SCSS

```scss
.box {
   &__head {...}
   &__body {...}
```

CSS

```css
}
.box__head {...}
.box__body {...}
```

& は親を参照していることを忘れないでください。

このため次の記述は同じに見えますが、入れ子が一階層深くなり違う結果になるため注意が必要です。

SCSS

```scss
.box {
   .box__head {...}
   .box__body {...}
}
```

CSS

```css
.box .box__head {...}
.box .box__body {...}
}
```

このように Sass を使用するとコンパイル時に不要に深すぎる入れ子が発生する場合があります。
これは、カスケードと継承、詳細度に関する知識が重要になってきます。
慣れるまでは、コンパイルされた CSS をたまに確認するとよいでしょう。

プロパティのネスト（入れ子）

プロパティのネスト（入れ子）は元の CSS と記述が大きく変わってしまうため使用すること
は少ないかもしれませんが、セレクタ同様にプロパティもネストすることができます。
このように **margin** からはじまるプロパティ名は次のようにネストすることができます。

CSS

```
.title {
  margin-top: 10px;
  margin-right: 15px;
  margin-bottom: 20px;
  margin-left: 30px;
}
```

SCSS

```
.title {
  margin : {
    top: 10px;
    right: 15px;
    bottom: 20px;
    left: 30px;
  }
}
```

このように慣れないと少し見づらいかもしれません。
プロパティもネストして書くことができますが、ネストを使用しなければならないというわけ
ではありませんので無理をして使用する必要はないでしょう。

@mediaのネスト

Sass では **@media** の記述もネストすることができます。

CSS
```
@media only screen and (min-width: 767px) {
  ...
}

@media print {
  ...
}
```

ブラウザウィンドウの横幅でスタイルを変更したい場合や印刷用 CSS の設定をしたい場合に
使用することが多いかもしれません。
CSS では次のように **#main** の指定であっても別のルールセットとして離れた場所に書く必要
がありルールセットに指定した関係性がわかりにくくなっていました。

CSS
```
#main .text {...}

@media only screen and (min-width: 767px) {
  #main .text {...}
}
```

Sass では次のように記述することが可能です。

CSS
```
#main {
 .text {
    ...
    @media only screen and (min-width: 767px) {
        ...
      }
 }
}
```

171

SCSS

```
#main .text {...}

@media only screen and (min-width: 767px) {
  #main .text {...}
}
```

関連したコードがわかりやすくなりました。

このように別々のルールセットで記述していた **@media** を一つのルールセットの中で記述することが可能です。

3-2-3 コメント

CSS のコメントは **/* */** で表す複数行コメントが使用できましたね。

Sass では複数行コメントに加え一行コメントが準備されています。

複数行コメント

複数行コメントは **/* */** で囲まれた部分をコメントとして利用できます。

これは CSS と同じ機能になります。

SCSS

```
/*
複数行コメントです。
複数行コメントです。
複数行コメントです。
*/
```

一行コメント

`//` を先頭に記述することで一行コメントを利用することができます。
一行コメントはコンパイル後の CSS に残りません。このため開発用のコメントを残すことが
可能です。

SCSS
```
//一行コメントです。
```

Sass では、コンパイル時に expanded、compressed の出力形式を選ぶことが可能です。
次のようなコメントがあった場合 expanded、compressed ではどのように出力されるか見てみ
ましょう。

SCSS
```
/* コメント1 */
#main {
  color : #fff;
  // コメント2
  .text {
    color: #000;
  }
}
```

expanded

一般的な CSS の記述方法で次のように出力されます。

CSS
```
/* コメント1 */
#main {
 color : #fff;
}
#main .text {
 color: #000;
}
```

compressed

改行、スペース、セミコロンなどを省略し、最も圧縮した形でCSSのコメントを削除して1行で出力されます。

CSS

```
#main{color:#fff}#main .text{color:#000}
```

compressedでコメントを残したい場合は **/*！ */** のように記述するとコメントが削除されません。

ライセンスの記述などで使用することができます。先ほどのコードに追加してみましょう。

SCSS

```
/* コメント1 */
/*! コメント3 */
#main {
// コメント2
 color : #fff;
}
#main .text {
 color: #000;
}
```

CSS

```
/*!コメント3*/#main{color:#fff}#main .text{color:#000}
```

このように /*! コメント 3*/ が削除されずコンパイルされました。

3-2-4 変数

変数とはあらかじめ変数名を決めて値を入れておき、任意の場所で変数名を指定すると値を呼び出すことができる仕組みです。

変数名を決めることを宣言、値を入れることを代入、値を呼び出すことを参照と言います。

Web サイトを作成する場合、サイトの統一感を出すために背景色や文字色など同じ値を使うことはよくあるでしょう。

企業サイトなどであればコーポレートカラーが決まっていたり明確に指定がある場合もあります。

SCSS

```scss
//同じ色を使いまわしている
#main {
  background-color: #ccc;
  .text {
    color: #ccc;
  }
}
```

このように同じ色や数値に変更があった場合、CSS だと記述している箇所を全て修正していく必要があります。大変手間のかかる作業ですし、こういった変更を一つずつ変更しているとケアレスミスにもつながります。

このような場合、Sass の変数を準備して値を一カ所で管理しておけば、修正があった場合も変数の値を一カ所変更するだけで、参照している箇所を全て変更することが可能です。

変数は $ +変数名を指定して、:の後に値を指定します。

変数名は半角英数、アンダースコア、ハイフンを使用します。ただし、半角数字や@などの特殊文字から始めることはできません。また、変数名はマルチバイト文字も使用できますので日本語を使用することも可能ですが、一般的に変数名にマルチバイト文字を使用するのは避けたほうが良いでしょう。

変数を使用して書きなおすと次のようになります。

SCSS

```scss
//同じ色を変数化する
$base-color: #ccc;

#main {
  background-color: $base-color;
  .text {
    color: $base-color;
  }
}
```

注意点として、変数名はアンダースコアとハイフンを区別せず同じ変数として認識してしまうため、どちらかに統一して使用するようにしましょう。

SCSS

```scss
$base-color: #ccc;

#main {
  // $base-colorと同じ
  background-color: $base_color;
  .text {
    color: $base-color;
  }
}
```

変数のスコープ

変数は記述する場所によって参照できる有効範囲が変わってきます。
この参照できる有効範囲のことを変数のスコープといいます。
変数の宣言より前に参照している場合はエラーとなります。

SCSS

```scss
$base-color: #ccc;

#main {
  //変数が宣言されていなのでエラーとなる
  background-color: $base-color;
}

$base-color: #ccc;
```

ルールセットの内側で宣言されたものは別のルールセットから参照できません。

SCSS

```scss
$base-color: #ccc;
$base-color1;

#main {
  $base-color2: #ccc;

  //$base-color1は最上位で宣言されているので参照できる
  background-color: $base-color1;

  //$base-color2は#mainの中で宣言されているので#mainの中では参照できる
  background-color: $base-color2;
}
#sub {
  //$base-color1は最上位で宣言されてるので参照できる
  background-color: $base-color1;

  //$base-color2は#mainの中で宣言されているので#subからは参照できない
  //エラー
  background-color: $base-color2;
}
```

変数のデフォルトフラグ

デフォルトフラグが付いた変数は先に宣言された変数を優先します。

SCSS

```scss
$base-color: #ccc;
$base-color: #000;
#main {
  $base-color: #ccc!default;
  background-color: $base-color;
}
```

CSS

```css
$base-color: #ccc;

#main {
  background-color: #000;
}
```

変数のグローバルフラグ

グローバルフラグが付いた変数はネストの外から利用することができます。

SCSS

```
$base-color: #ccc;
#main {
  $base-color: #ccc!global;
  background-color: $base-color;
}
#sub {
  background-color: $base-color;
}
```

CSS

```
$base-color: #ccc;
#main {
  background-color: #ccc;
}

#sub {
  background-color: #ccc;
}
```

3-2-5 補完(インターポレーション)

#{} を使用することで補完（インターポレーション）を行うことができます。

補完とは、1つ以上の変数を含む式または文字列を直接評価できるようにすることです。

すなわち、セレクタやプロパティなどで計算や変数を参照できるようになります。

例えば、変数をセレクタの一部として使用したい場合があったとします。

SCSS

```
$base-color: #ccc;
$number: 1;
.item-$number {
 width: 10px;
}
```

CSS

```
.item-$number {
 width: 10px;
}
```

しかし、コンパイル結果は想定していた値ではありませんでした。

本来は `.item-` の後には変数の文字列ではなく `$number` ではなく値の **1** が入ることを期待していました。

ここで補完（インターポレーション）を使用してみましょう。

SCSS

```
$base-color: #ccc;
$number: 1;
.item- #{$number} {
 width: 10px;
}
```

CSS

```
.item-1 {
 width: 10px;
}
```

正しくコンパイルされました。

このように変数を文字列の一部として使用したい場合、変数と認識してもらうために補完（インターポレーション）を使用する必要があります。

同様にプロパティ、値でも使用することができます。

SCSS

```
$base-color: #ccc;
$selector: '.item';
$property: width;
$value: 10px;

#{$selector}-min {
 min-#{$property}: #{$value};
}
```

CSS

```
.item {
  width: 10px;
}

.item-min {
  min-width: 10px;
}
```

演算

演算できない場所で補完を使用することで演算を可能にします。

SCSS

```
$base-color: #ccc;
$value: 10px;

.item-#{1 + 2} {
 content: "10 x 2 = 10 * 2 です";
 content: "10 x 2 = #{10 * 2} です";
 content: "10 x 3 = #{$value * 3} です";
}
```

CSS

```
.item-3 {
  content: "10 x 2 = 10 * 2 です";
  content: "10 x 2 = 20 です";
  content: "10 x 3 = 30 です";
}
```

反対に演算できる場所で使用して、演算ができないようにすることも可能です。

SCSS

```scss
$base-color: #ccc;
$value: 10px;

.item {
 font: ( 10 / 2 );
 font: ( #{10} / 2 );
 font: ( #{$value} / 3 );
}
```

CSS

```css
.item {
  font: 5px;
  font: 10px/2;
  font: 10px/3;
}
```

CSS変数・CSS関数

Sass では CSS 変数や CSS 関数は文字列として評価されます。

そのため Sass 変数を使用すると次のようにそのままコンパイルされてしまいます。

SCSS

```scss
$base-color: #ccc;
$primary: #ffffff;
$width: 20px;

:root {
  --primary: $primary;
}
.item {
 width: calc(100% - $width);

}
```

CSS

```
:root {
  --primary: $primary;
}

.item {
 width: calc(100% - $width);
}
```

ここでも、補完（インターポレーション）を使用することで変数としてコンパイルすることができます。

SCSS

```
$base-color: #ccc;
$primary: #ffffff;
$width: 20px;

:root {
  --primary: #{$primary};
}
.item {
 width: calc(100% - #{$width});

}
```

CSS

```
:root {
  --primary: #ffffff;
}

.item {
 width: calc(100% - 20px);
}
```

引用符の削除

引用符で囲まれた文字列の場合、引用符を削除することができます。

SCSS

```
$base-color: #ccc;
$string: "文字列です" ;

.item {
  content: $string;
  content: #{$string};
}
```

CSS

```
.item {
  content: "文字列です";
  content: 文字列です;
}
```

しかし、引用符を外す補完の使い方は少しコードが読みづらくなりますので、引用符を外すだけで良いのであれば補完ではなく、ビルトインモジュールの中に引用符を外す処理 **string.unquote()** を使用する方が良いでしょう。
ビルトインモジュールとは便利に使える機能を Sass でが組み込み関数としてあらかじめ実装しているものです。

SCSS

```
$base-color: #ccc;
@use "sass:string";

$string: "文字列です";

.item {
  content: string.unquote($string)
}
```

CSS

```
.item {
  content: 文字列です;
}
```

3-2-6 演算

CSS で演算は calc 関数を使用することで実現できます。

calc 関数とは CSS のプロパティ値を指定する際に計算を行うことができ大変便利です。

```
width: calc(100% - 80px);
```

同様に Sass でも演算が利用可能です。

Sass の場合は calc 関数とは違い、コンパイル時に計算して CSS には計算後の数値を表示して
くれますので、さまざまな場所で利用することができます。

どのようなものか見てみましょう。

加算演算子(+)

加算演算子は数値の足し算が可能です。数値以外にも文字列の結合も行うことができます。

SCSS

```
$base-color: #ccc;
.item {
 width: 10px + 5px;
 content : '文字を' + '連結します'
}
```

CSS

```
.item {
  width: 15px;
  content : '文字を連結します'
}
```

文字列の中で演算子を使用したい場合は、補完（インターポレーション）を使用します。

SCSS

```scss
.item {
  content : '文字列です#{ 2 + 3 }文字列です'
}
```

CSS

```css
.item {
  content : '文字列です5文字列です'
}
```

減算演算子(-)

減算演算子は数値の引き算が可能です。

-7px などマイナスの値と区別するため演算子の前後にスペースを入れる必要があります。

SCSS

```scss
.item {
  width: 10px - 7px;
}
```

CSS

```css
.item {
  width: 3px;
}
```

乗算演算子(*)

乗算演算子は掛け算が可能です。

SCSS

```
.item {
  width: 10px * 2;
}
```

CSS

```
.item {
  width: 20px;
}
```

除算演算子(/)

除算演算子は割り算が可能です。

除算演算子は () で囲む必要があります。

Sass の除算演算子とスラッシュで区切られた値の使用が曖昧になっていたため除算演算子で
スラッシュの使用は Dart Sass 1.33.0 以降、非推奨となりました。

将来のバージョンで削除される予定ですので除算演算をする場合は後述の `math.div()` を使
用してください。

以前の環境ですと除算演算子とスラッシュが使用されている場合もあります。知識として知っ
ておくと良いでしょう。

SCSS

```
.item {
  width: (10px / 2);
}
```

CSS

```
.item {
  width: 5px;
}
```

除算演算子として処理されるには条件があり、先ほどの例の **()** を外すと次のように演算されずに出力されます。

SCSS

```scss
.item {
  width: 10px / 2;
}
```

CSS

```css
.item {
    width: 10px/2;
}
```

これは、CSS の **line-hight** など一部プロパティには **/**（スラッシュ）を使用して値を指定できるものがあるので、値と演算を区別するためです。

Sass では次の条件に一致したものを除算演算子として処理されます。

SCSS

```scss
//除算演算子として扱われる
$number: 10px / 2;

.item {
//変数を使用している
 width: $number;
 width: $number / 2;

//()を使用してる
 width: (10px / 2);

//他の演算子も使用してる
 width: 10px / 2 - 5;
```

SCSS

```scss
//除算演算子として扱われない例

//()を使用していない
width: 10px / 2;
```

変数を計算せず使用したい場合は、補完（インターポレーション）を使用します。

SCSS

```
$number: 10px;

.item {
 width: #{$number} / 2;
}
```

CSS

```
.item {
  width: 10px/2;
}
```

このように Sass の / (スラッシュ) は除算演算子として使用される場合と、プロパティの区切りとして使用される場合があり判断が難しい状態でした。

このような理由もあり、Dart Sass 1.33.0 以降、/ は除算演算子で使用することは非推奨となりました。

/ は区切りとして扱うように変更され、除算演算は今後ビルトインモジュールの **math.div()** を使用して行うようになります。

現在は移行期間中のため当面は除算のスラッシュも使用できますが、Dart Sass 1.33.0 以降を使用している場合は次のように記述するようにしましょう。ビルトインモジュールでの除算演算子は次のように使用することができます。

SCSS

```
@use "sass:math";

.item {
  width: math.div(10px, 2);
}
```

CSS

```
.item {
  width: 5px;
}
```

Breaking Change: Slash as Division(https://sass-lang.com/documentation/breaking-changes/slash-div)

剰余演算子(%)

剰余演算子は割り算の余りを求める計算です。

減算演算子と同じで 5% など値と区別するため演算子の前後にスペースを入れる必要があります。

SCSS
```scss
.item {
  width: 10px % 2;
}
```

CSS
```css
.item {
  width: 0;
}
```

比較演算子

比較演算子は値を比較して **true** か **false** を返します。

後に登場する制御構文で使われることが多いです。

演算子	意味
A < B	AがBより小さい
A > B	AがBより大きい
A <= B	AがBと同じか小さい
A >= B	AがBと同じか大きい
A == B	AとBが等しい
A != B	AとBが等しくない

論理演算子

論理演算子は複数の条件でつなげる役割をします。

こちらも後に登場する制御構文で使われることが多いです。

演算子	意味
A and B	AとBがtrue
A or B	AとBのどちらかまたは両方がtrue
not A	Aがtrueではない

計算の優先順位

一般的な計算式と同じく、掛け算と割り算は優先して計算されます。

()が付けば優先されて計算されます。

SCSS

```scss
.item {
 width: 10px * 2 + 20 / 2 ;
 width: (10px * 2) + (20 / 2) ;
 width: 10px * (2 + 20) / 2 ;
}
```

CSS

```css
.item {
  width: 30px;
  width: 30px;
  width: 110px;
}
```

単位の計算

Sass では単位のついた値も計算してくれます。

異なる単位の計算も可能で例えば **10px + 5** のように単位の混ざった計算も可能です。

CSS で使用されている単位で計算可能な場合、最初の単位に合わせて可能な限り変換して計算してくれます。

SCSS

```scss
.item {
 width: 10px + 5;
 width: 10px + 5px;
 width: 10cm + 5px;
 width: 10% + 5px;
}
```

CSS

```
.item {
  width: 15px;
  width: 15px;
  width: 10.1322916667cm;
  width: 198.9763779528px;
}
```

3-2-7 @ルール(At-Rules)

CSS には @- 規則（At-Rules）と呼ばれる @ から始まる書式が定められています。 これらは CSS でスタイルシートを記述するにあたってのルールを定義するものです。

Sass: Built-In Modules（https://sass-lang.com/documentation/modules）

Sassの@importから@useへの移行

Sass では Dart Sass 1.24.0 以降、新しいモジュールシステムが導入されることになりました。
Sass で最も多く使用される機能の一つに @import があります。
Sass の @import は別の Sass ファイルを読み取り結合して 1 ファイルにまとめることができる機能です。
以前から Sass を使用していた方は馴染み深いのではないでしょうか。
この Sass の初期から実装されていた @import は 2022 年 10 月ごろにサポートが終了する予定で、代わりに @use と @forward という新しいシステムが登場しました。
Sass の @import は大変便利な機能でしたが、大きな問題として @import は、CSS の @import と重複しているため、Sass なのか CSS なのか一見してわかりにくい側面があったり、実際にどの Sass ファイルで宣言されているかを把握するのがとても大変でした。
また、読み込まれた全てがグローバルとして扱われるなどの問題がありました。
このためフレームワークの作成者、利用者は名前の衝突を避けるために、命名にはプレフィックスを付けるなど工夫する必要がありました。

このような問題を改善すべく、**@use** と **@forward** という 2 つのルールが登場したということです。

そして、Sass の **@import** は今後廃止され最終的に削除されることになります。3-1-1 Sass とはで少し説明をしましたが Sass の主な実装として Ruby Sass、LibSass、Dart Sass があります。

Ruby Sass は現在サポートが終了し、LibSass は非推奨となっています。

公式推奨は Dart Sass となっています。

したがって、この新しい @use と @forward というシステムは Dart Sass に実装されています。

@import(非推奨)

Sass の **@import** のように別のファイルを読み取り結合したい場合は、後述の **@use** と **@forward** を使用してください。

@import は以前の環境ですと使用されている場合もあります。知識として知っておくと良いでしょう。

Sass の **@import** は別の Sass ファイルを読み取り結合して 1 ファイルにまとめることができる機能です。

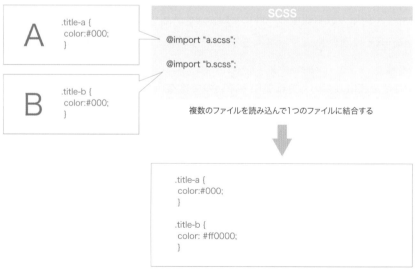

Sassの@import

CSS の **@import** は CSS から別の CSS ファイルを読み込ませることができますが、結合まではできず複数のファイルを読み込むことになります。

このように CSS の **@import** と Sass の **@import** は別の機能なので注意が必要です。

CSS の **@import** は廃止されませんので今まで同様に使用可能です。

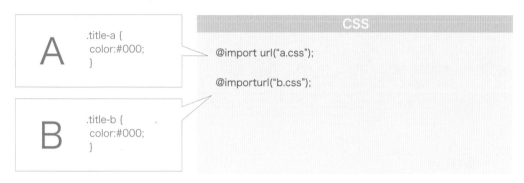

複数のCSSファイルを読み込む

CSSの@import

基本的な記述

絶対パスで指定すると CSS の **@import** として認識されるので相対パスで指定します。

```
//相対パスで別のSassファイルを指定できます。
@import "../heading.scss"
```

パーシャル

@import で使用した読み込み先の Sass ファイルは出力したくない場合がほとんどでしょう。
このような読み込みのみで使用して出力させないファイルをパーシャルと呼びます。
ファイルの先頭に _ （アンダースコア）をつけることでパーシャルと認識され単体で出力されないファイルとなります。
読み取りたいファイルの先頭に _ をつけることで出力しないファイルにできます。

読み込みの記述省略

@import で指定する場合、パーシャルの _ と拡張子と **_index.scss** は省略することができます。

```scss
//拡張子と_は省略できます。
// ../_heading.scss
@import "../heading"

//_index.scssは省略できます。
// ../heading/_index.scss
@import "../heading"
```

@use

@use とは、新しく登場した Sass のモジュールシステムです。

読み込むファイルのコードをカプセル化し、名前空間を使用することで読み込んだ Sass ファイルのみに適用することができます。

カプセル化し適用するというのはどういうことでしょうか。

@use によって読み込むファイルをモジュールと呼び、読み込み先にある変数や **mixin**、**function** などをメンバーと呼びます。

読み込んだファイル名の _ と拡張子を除いたものが名前空間となり、その名前空間からメンバーを参照することができるようになります。

名前空間 . 変数名 ()、名前空間 .function()、@include 名前空間 .mixin() でアクセスし、読み込んだ Sass ファイルのみに適用されます。また、**@use** は必ずファイルの先頭で呼び出される必要があります。

このようにカプセル化して名前空間を使用するようになったため、**@import** のように変数はグローバルにならなくなりました。このため変数名が重複する心配がなくなり安全に使用することができるようになります。また、Sass にはビルトインモジュールという標準の組み込みモジュールが提供されていますが、これも **@use** によって呼び出すことができます。

実際にどのように使用するのでしょうか。Sass の **@import** と比較してみましょう。

次のようなファイル構成があった場合を想定します。

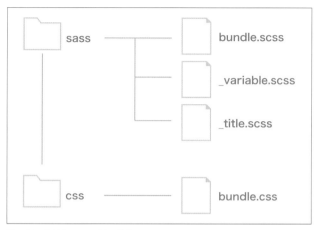

サンプルで使用するディレクトリ構造

Sass の **@import** の場合は次のような読み込みをすることができます。

bundle.css が書き出されるファイルになり _variables.scss と _title.scss を Sass の **@import** を使用して読み込んでいます。

_variables.scss

```
$primary-color: #00BCD4;
$max-width: 1600px;
```

_title.scss

```
.title {
    color: $primary-color;
    width: $max-width;
}
```

bundle.scss

```
@import "variables";
@import "title";
```

そして次のようにコンパイルされます。

bundle.css

```
.title {
   color: #00BCD4;
   width: 1600px;
}
```

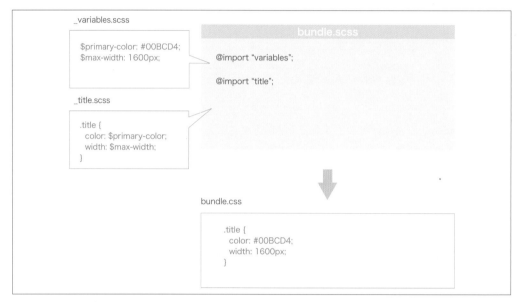

Sass の@import を使用した例

よくある形ではないでしょうか。

この場合、bundle.scss に変数を管理している _variables.scss を **@import** すると _variables.scss を **@import** していない _title.scss でも _variables.scss の変数の値を使用することが可能でした。これは一度読み込まれた _variables.scss の変数がグローバルとなるためどのファイルからでも使用することができるということなのです。

次は **@use** で書き直してみたいと思います。

_variables.scss

```
$primary-color: #00BCD4;
$max-width: 1600px;
```

_title.scss

```
@use "variables";
.title {
    color: variables.$primary-color;
    width: variables.$max-width;
}
```

bundle.scss

```
@use "title";
```

次のようにコンパイルされます。

bundle.css

```
.title {
    color: #00BCD4;
    width: 1600px;
}
```

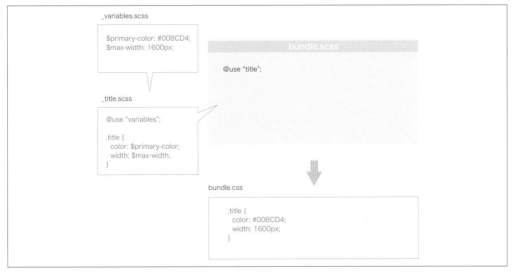

@use を使用した例

@use の場合は、bundle.scss で _variables.scss の記述がないことに注目してください。

@use の場合は名前空間を使用するようになり先ほどのように変数はグローバルになりません。

そのため使用するファイルを、今回の例であれば _title.scss に明示する必要があります。

デフォルトではファイル名に基づいた名前空間を持ち、**variables.$primary-color** という形で使用できます。

一見手間が増えたように感じますが、これによりどのsassファイルで宣言されているかを把握することが容易になります。さらに変数はグローバルとならず名前空間で守られているため安全に命名することができます。

これによって使用したいところに使用したいものだけを宣言できるという形になりました。

今までのようにグローバルで変数を使いたい場合ですが、今後はCSS変数を使うようにすると良さそうです。

CSS 変数の例

```
:root {
    --main-bg-color: brown;
}
.box {
    background-color: var(--main-bg-color);
}
```

CSS カスタムプロパティ（変数）の使用 - CSS: カスケーディングスタイルシート｜MDN
(https://developer.mozilla.org/ja/docs/Web/CSS/Using_CSS_custom_properties)

名前空間

次のように **as** 節を使用することで明示的に名前空間を設定することもできます。

```
//_title.scss
@use "variables" as v;
.title {
  color: v.$primary-color;
  width: v.$max-width;
}
```

変数の上書き

with 節を使用して変数を上書きします。

変数の上書きは **!default** フラグが使用されている変数のみを変更できます。

_variables.scss

```scss
//_variables.scss
$primary-color: #00BCD4;   //上書きできない
$max-width: 1600px !default; //上書きできる
```

_title.scss

```scss
//_title.scss
@use "variables" with (
    $max-width: 800px,
);

.title {
  color: variables.$primary-color;
  width: variables.$max-width;
}
```

また、1つのファイルを複数のファイルで **@use** を使用して読み込んでいる場合に **with** 節を使用すると次のようなエラーが出ることがあります。

コンパイルエラー

```
> assets/sass/_title2.scss
Error: This module was already loaded, so it can't be configured using "with".
  ┌──> assets/sass/_title2.scss
1 │ ┌ @use "variables" with (
2 │ │   $primary-color: #fff
3 │ │ );
  │ └──^ new load
  │
  ┌──> assets/sass/_title.scss
1 │   @use "variables";
  │   ──────────────────────────── original load

  assets/sass/_title2.scss 1:1  @use
  assets/sass/bundle.scss 2:1    root stylesheet
```

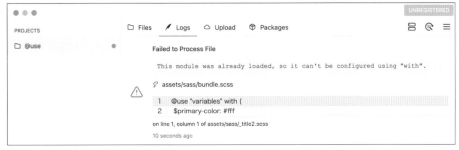

Preprosの場合のコンパイルエラー

これは、後に読み込まれた assets/sass/_title2.scss ファイルで **with** 節を使用した場合に発生するエラーです。

このように **with** 節を使用する場合はコンパイルされるファイル全体の最初に使用されている **@use** に記述する必要があります。

この場合最初に assets/sass/_title.scss の部分に記述しないといけません。

プライベートメンバー

モジュールのメンバーを外部で使用したくない場合はプライベートメンバーとして外部からの使用を制限することができます。

$** を **$-、**$_** に変更することでプライベートメンバーとなります。

_variables.scss

```
//_variables.scss
$-primary-color: #00BCD4;
$max-width: 1600px;
```

_title.scss

```
//_title.scss
@use "variables";

.title {
  color: variables.$-primary-color; //アクセスできない
  width: variables.$max-width; //アクセスできる
}
```

パーシャル

@import 同様にパーシャルが使用できます。

```
//読み取りたいファイルの先頭に_をつけることで出力しないファイルにできます。
// _heading.scss
```

読み込みの記述省略

@import 同様に記述省略が使用できます。

```
//拡張子と_は省略できます。
// ../_heading.scss
@use "../heading"


//_index.scssは省略できます。
// ../heading/_index.scss
@use "../heading"
```

@forward

@forward は **@use** と同じく、新しく登場した Sass のモジュールシステムです。
振る舞いは **@use** と同じですが1つのファイルで複数のメンバーを管理する場合に使用します。
ライブラリとしてまとめて管理する場合など使用できます。
@use との違いを見ながら例を見てみましょう。
@use は使用するファイルで名前空間を生成します。そのファイルのみで使用するため読み込んだファイル以外は参照できません。

_tools.scss

```
@use "mixin1";
@use "mixin2";
@use "function1";
@use "function2";
```

_mixin1.scss

```
@use "variables"
@mixin mixin1($color:variables.$primary-color) {
    color: $color;
}
```

_title.scss

```
@use "tools"
.title {
    @include tools.mixin1();
    width: tools.fucntion1();
}
```

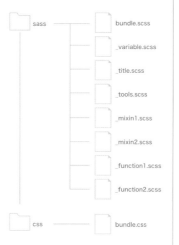

このように **@use** を使用した場合次のようなエラーが出てしまいます。
これは **@use** で指定したものが参照できずエラーが発生している状態です。

コンパイルエラー

```
> assets/sass/_title.scss
Error: Undefined mixin.

3 |    @include tools.mixin1();
  |    ^^^^^^^^^^^^^^^^^^^^^

  assets/sass/_title.scss 3:3   @use
  assets/sass/bundle.scss 1:1   root stylesheet
```

Preprosの場合のコンパイルエラー

@use を使用した例

@use の参照がどのようになっているか先ほどのソースコードを図で見てみましょう（前ページ下）。

図のように `_title.scss` で `mixin1()` を使用していますが、**@use** は使用するファイルに記述されていないと参照することができません。

ここで**@use**を使いたい場合は `_title.scss` に **@use mixin1** の記述をする必要があります。しかし、**@use mixin1** の記述は `_tools.scss` に記述されているため、`_title.scss` からは参照出来ないという状態になっているのです。

この `_tools.scss` のようにまとめて管理したいケースもあるでしょう。このように呼び出した先の変数や関数が参照できるようにしたい場合は **@forward** を使用します。そうすることで **mixin1** を参照することが可能です。**@forward** で書き直したのが以下のコードです。

_tools.scss

```
@forward "mixin1";
@forward "mixin2";
@forward "function1";
@forward "function2";
```

_mixin1.scss

```
@use "variables"
@mixin mixin1($color:variables.$primary-color) {
    color: $color;
}
```

_title.scss

```
@use "tools"
.title {
    @include tools.mixin1();
    width: tools.fucntion1();
}
```

次のようにコンパイルされます。

bundle.css

```
.title {
  color: #00bcd4;
  width: 1600px;
}
```

_variables.scss

```
$primary-color: #00BCD4;
$max-width: 1600px;
```

_title.scss

```
@use "tools"

.title {
 @include tools.mixin1()
 width: tools.fucntion(100px);
}
```

参照できる

_tools.scss

```
@forword "mixin1";
@forword "mixin2";
@forword "function1";
@forword "function2";
```

_mixin1.scss

```
@use "variables"

@mixin mixin1($color:variables.$primary-color) {
 color: $color
 }
```

_function1.scss

```
…
```

bundle.scss

```
@use "title";
```

bundle.css

```
.title {
   color: #00BCD4;
   width: 1600px;
 }
```

@forward を使用した例

無事呼び出すことができました。

このように、**@forward** を使用すると多くのファイルにまたがった変数や関数を整理することができます。

プレフィックスの追加

メンバーにプレフィックスを追加することができます。

mixin1.scss

```scss
@mixin color1($color) {
    color: $color
}
```

tools.scss

```scss
@forward "mixin1" as m1-*;
@forward "mixin2" as m2-*;
```

title.scss

```scss
@use "tools"

.title {
    @include tools.m1-color1()
}
```

表示のコントロール

hide 節、show 節を使用することで読み込みをプライベート化または、明示化することができます。

mixin.scss

```scss
$width: 100px;

@mixin color1($color) {
    color: $color;
    width: $width;
}

@mixin color2($color) {
    color: $color;
}
```

tools.scss

```scss
@forward "mixin" hide color1, $width;
```

変数の上書き

with 節を使用して変数を上書きします。

変数の上書きは **!default** フラグが使用されている変数のみを変更できます。

mixin1.scss

```scss
$width: 100px !default;
@mixin color1($color) {
    color: $color;
    width: $width;
}
```

tools.scss

```scss
@forward "mixin1" with (
  $width: 200px !default
);
```

title.scss

```scss
//@forwardで上書きされた変数 $width が読み込まれる
@use "tools"

.title {
    @include tools.color1()
}
```

title.scss

```scss
//@forwardで上書き後@useで上書きも可能
@use "tools"  with ($width: 300px);

.title {
    @include tools.color1()
}
```

@mixinと@include

@mixin はあらかじめ定義しておいたスタイルを使用したい場所で呼び出せる機能です。
@mixin で定義して **@include** によって呼び出します。
mixin 名も変数名と同様にアンダースコアとハイフンを区別せず同じ **mixin** として認識します
ので注意が必要です。

SCSS

```
@mixin box {
    width: 100px;
    padding: 10px;
    background-color: #cccccc;
}

.item-box {
 @include box;
}

.heading-box {
 @include box;
}
```

CSS

```
.item-box {
  width: 100px;
  padding: 10px;
  background-color: #cccccc;
}

.heading-box {
  width: 100px;
  padding: 10px;
  background-color: #cccccc;
}
```

引数を使う

汎用的な **@mixin** を作ろうと思った場合、背景色は使用先で変更できればと思います。
そういった場合は引数を使うことで柔軟に対応できます。また引数には初期値を設定すること
も可能です。また、可変長引数を使うことも可能です。可変長引数についてはこの後の **@function**（P.209 参照）で説明します。

SCSS

```scss
@mixin box($color:blue) {
    width: 100px;
    padding: 10px;
    background-color: $color;
}

.box {
 @include box();
}

.item-box {
 @include box(#cccccc);
}

.heading-box {
 @include box(red);
}
```

CSS

```css
.box {
  width: 100px;
  padding: 10px;
  background-color: blue;
}

.item-box {
  width: 100px;
  padding: 10px;
  background-color: #cccccc;
}

.heading-box {
  width: 100px;
  padding: 10px;
  background-color: red;
}
```

コンテントブロックを渡す

@content を使うことで **mixin** に渡すコンテントブロックの場所を操作することが可能です。

SCSS

```scss
@mixin hover {
  &:hover {
    @content;
  }
}

.link {
  text-decoration: underline;
  @include hover {
    text-decoration: none;
    opacity: 0.7;
  }
}
```

CSS

```css
.link {
  text-decoration: underline;
}
.link:hover {
  text-decoration: none;
  opacity: 0.7;
}
```

@function

カスタム関数を定義するには、次のように **@function** で関数名を宣言し **@return** で戻り値を設定します。
関数名も変数名と同様にアンダースコアとハイフンを区別せず同じ関数として認識しますので注意が必要です。

書式

```
@function 関数名 ($引数:初期値) {
 @return 戻り値;
 }
```

SCSS

```scss
@function sum($number1:10px, $number2:10px) {
  @return $number1 + $number2;
}

.item {
  width: sum(50px, 30px);
  height: sum();
}
```

CSS

```css
.item {
  width: 80px;
  height: 20px;
}
```

可変長引数

可変長引数とは引数の個数が決まっていない引数のことで引数に渡ってきた全ての値を処理したい場合に使用します。

引数の後ろに … をつけることで可変長引数として使うことができます。

SCSS

```scss
@function sum($numbers...) {
  $sum: 0;
  @each $number in $numbers {
    $sum: $sum + $number;
  }
  @return $sum;
}
```

CSS

```css
.item {
  width: sum(50px, 30px, 100px);
}
.item {
  width: 180px;
}
```

@extend

@extend の後に継承するセレクタを指定することでスタイルの継承ができるようになります。

@extend できるのは、**.item** など単純な個別のセレクタになります。

また **@media** 内での使用は許可されていません。

SCSS

```scss
.base {
   width: 100px;
}

.item {
   padding: 10px;
   @extend .base;
}

.item2 {
   margin: 10px;
   @extend .base;
}


@media screen and (max-width: 600px) {
  .heading {
   //エラー
   @extend .base;
  }
}
```

CSS

```css
.base, .item, .item2 {
   width: 100px;
}

.item {
   padding: 10px;
}
.item2 {
   margin: 10px;
}
```

このように継承元のセレクタにグループ化されて出力されます。

継承元の **.base** を出力したくない場合は、プレースホルダーセレクタを使用することで解決できます。

SCSS
```scss
// .baseを出力したくない
%base {
    width: 100px;
}

.item {
    padding: 10px;
    @extend %base;
}

.item2 {
    margin: 10px;
    @extend %base;
}
```

CSS
```css
.item2, .item {
    width: 100px;
}

.item {
    padding: 10px;
}

.item2 {
    margin: 10px;
}
```

@error

コンパイルが失敗したときにエラーメッセージをコンソールに表示します。

SCSS
```scss
@if $property == left {
    @error "プロパティ left は使用できません";
}
```

@warn

コンパイル時に警告メッセージをコンソールに表示します。
コンパイルは停止しません。

SCSS

```
@if $property == left {
    @warn "プロパティ left の使用は推奨されていません";
}
```

@debug

コンパイル時にデバッグメッセージをコンソールに表示します。
コンパイルは停止しません。

SCSS

```
@if $property == left {
    @debug "プロパティ leftの場合にコンソールに表示します";
}
```

@at-root

@at-root はネスト（入れ子）で書いた記述を親セレクタを除外してルートに記述すること
ができます。また、**@media** などの **at-rules** が不要な場合は、**@at-root** の後に **(without：
)**、**(with：)** をつけることで出力を制御できます。
使用できる値は **at-rules** の値と **rule**、**all** の 2 つで、パターンは次のようになります。

指定なし

at-rules を残しセレクタはルートで出力されます。

SCSS

```scss
.wrapper {
    .item {
        width: 100px;
        @at-root {
        // ルートに出る
                .at {
                        font-size: 20px;
                }
        }
        @media only screen and (min-width: 767px) {
                @at-root {
                // @mediaのルートに出る
                        .at-media {
                                font-size: 20px;
                        }
                }
        }
    }
}
```

CSS

```css
.wrapper .item {
    width: 100px;
}

.at {
    font-size: 20px;
}

@media only screen and (min-width: 767px) {
    .at-media {
        font-size: 20px;
    }
}
```

(without: at-rules)

指定した **at-rules** を削除して出力されます。

SCSS

```scss
.wrapper {
  .item {
    @media only screen and (min-width: 767px) {
      @at-root (without: media) {
        // @mediaの外に出る
        .at-without-media {
          font-size: 20px;
        }
      }
    }
  }
}
```

CSS

```css
.wrapper .item .at-without-media {
  font-size: 20px;
}
```

(with: at-rules)

指定した **at-rules** を残しセレクタはルートで出力されます。

SCSS

```scss
.wrapper {
  .item {
    @media only screen and (min-width: 767px) {
      @at-root (with: media) {
        // @mediaのルートに出る
        .at-with-media {
          font-size: 20px;
        }
      }
    }
  }
}
```

CSS

```css
@media only screen and (min-width: 767px) {
  .at-with-media {
    font-size: 20px;
  }
}
```

(without: rule)

at-rules を残しセレクタはルートで出力されます。

SCSS

```
.wrapper {
  .item {
    @media only screen and (min-width: 767px) {
      @at-root (without: rule) {
        // @rulesのルートに出る
        .at-without-rule {
          font-size: 20px;
        }
      }
    }
  }
}
```

CSS

```
@media only screen and (min-width: 767px) {
  .at-without-rule {
    font-size: 20px;
  }
}
```

(with: rule)

at-rules を削除して出力されます。

SCSS

```
.wrapper {
  .item {
    @media only screen and (min-width: 767px) {
      @at-root (with: rule) {
        // @rulesの外に出る
        .at-with-rule {
          font-size: 20px;
        }
      }
    }
  }
}
```

CSS

```
.wrapper .item .at-with-rule {
    font-size: 20px;
}
```

(without: all)

常にルートで出力されます。

SCSS

```
.wrapper {
  .item {
      @media only screen and (min-width: 767px) {
            @at-root (without: all) {
                    // ルートに出る
                    .at-without-all {
                            font-size: 20px;
                    }
            }
        }
    }
}
```

CSS

```
.at-without-all {
    font-size: 20px;
}
```

(with: all)

そのまま出力されます。

SCSS

```
.wrapper {
  .item {
      @media only screen and (min-width: 767px) {
            @at-root (with: all) {
                    // そのまま
                    .at-with-all {
                            font-size: 20px;
                    }
            }
        }
    }
}
```

CSS

```
@media only screen and (min-width: 767px) {
    .wrapper .item .at-with-all {
        font-size: 20px;
    }
}
```

3-2-8　制御構文

条件分岐とは、特定の条件を満たすかどうかで処理を変更することを言います。

Sass では **@if** という制御構文を使用することができます。

@if は次のような文法が基本形となります。条件式が正しい（**true**）場合に結果の内容が実行されます。

@if

書式

```
@if 条件式1 {
    結果1
}
```

SCSS

```
$radius: true;
.item {
  @if $radius == true {
    border-radius: 30px;
  }
}
```

変数 **$radius** が **true** の場合 **border-radius: 30px;** が表示されます。

CSS

```css
.item {
  border-radius: 30px;
}
```

@else if, @else

@if で条件が一致しない場合 **@else** や **@else if** を組み合わせて条件を増やすことが可能です。**@if** や **@else if** の条件が一致しない場合は最後の **@else** の結果が実行されます。

書式

```
@if 条件式1 {
  結果1
} @else if 条件式2 {
  結果2
} @else {
  結果3
}
```

変数 **$color** は赤の場合は **color: red;**、緑の場合は **color: green;**、それ以外の場合は **color: white;** が表示されます。

SCSS

```scss
$color: '緑';

.item {
  @if $color == '赤' {
    color: red;
  } @else if $color == '緑' {
    color: green;
  } @else {
    color: white;
  }
}
```

CSS

```css
.item {
  color: green;
}
```

コラム

if関数

後のビルトインモジュールの節で紹介するグローバル関数の中に制御構文の @if に似た if 関数 というものがあります。

書式

```
if(条件式, trueの値, falseの値)
```

第 1 引数に条件を第 2 引数に true だった場合の値、第 3 引数に false だった場合の値を指定します。他のプログラミング言語でいう三項演算子のように使用することができます。では、どのように使うか @if と if 関数を比べてみたいと思います。まずは @if から見てみましょう。

SCSS

```
$color: '緑';

.item {
 @if $color == '緑' {
    color: green;
  @else {
    color: red;
  }
}
```

CSS

```
.item {
  color: green;
}
```

次に if 関数 で書き直してみます。

SCSS

```
$color: '緑';

.item {
  color: if($color == '緑' ,green , red);
}
```

CSS

```
.item {
  color: green;
}
```

コードがすっきりしましたね。
場合によってはコードの可読性が落ちるので使いどころは限定されますが、上手に使うと制御構文の @if を使うよりスマートに記述することができますのでこのような書き方があることを覚えておくと良いでしょう。

繰り返し処理

同じ処理を繰り返行うことを繰り返し処理と言います。
Sass では **@for**、**@each**、**@while** という制御構文を使用することができます。
どのように違うかそれぞれ見てみましょう。

@for

@for は指定された始まりの数値から終わりの数値までをカウントアップして処理を繰り返し実行します。
終わりの数値に **to** と **through** のキーワードを指定でき、**to** は終わりの数値の一つ前まで、**through** は終わりの数値まで含み処理を実行します。

書式
```
@for $i from 開始の数値  to 終了の数値 {
   結果
}
@for $i from 開始始の数値  through 終了の数値 {
   結果
}
```

SCSS
```
@for $i from 1 to 3 {
  .to-#{$i} {
    width: $i * 10%;
  }
}

// 1から3まで処理を繰り返します。
@for $i from 1 through 3 {
  .through-#{$i} {
    width: $i * 10%;
  }
}
```

CSS
```
.to-1 {
  width: 10%;
}
.to-2 {
  width: 20%;
```

↴ 次ページに続く

```
}

.through-1 {
  width: 10%;
}
.through-2 {
  width: 20%;
}
.through-3 {
  width: 30%;
}
```

@each

@each は指定された配列（Lists 型、Map 型）の内容を繰り返し実行します。

書式にある **$var** は自分で決めた変数名を指定します。繰り返し処理される配列の値は指定した変数名に割り当てられ実行します。

書式

```
@each $var in 条件1 {
  結果1
}
```

SCSS

```
$colors: red, blue, white;

@each $color in $colors {
  .item-#{$color} {
    color: $color;
  }
}
```

※$colorsの配列の中の値を順番に処理します。
　@each の$colorにはredなどの値が順番に入ります。

CSS

```
.item-red {
  color: red;
}
.item-blue {
  color: blue;
}
.item-white {
  color: white;
}
```

Map 型のキーと値のペアを使用することもできます。

```
$var,$var2 in 条件1 {...}
```

このように変数を増やすことができ、キーは最初の変数に割り当てられ、値は 2 番目の変数目
に割り当てられます。

例を見てみましょう。

SCSS

```
$colors: (white: #FFFFFF, black: #000000, gray: #808080);

@each $name, $color in $colors {
  .item-#{$name} {
    color: $color;
  }
}
```

※$colorsの配列の中のキーと値のセットを順番に処理します。
　@each の$nameにwhiteが入り $colorに#FFFFFFなどの値が順番に入ります。

CSS

```
.item-white {
  color: #FFFFFF;
}

.item-black {
  color: #000000;
}

.item-gray {
  color: #808080;
}
```

@while

@while は条件に一致する間、処理を繰り返し実行します。

@if は指定された条件を 1 回実行しましたが、複数回実行したい場合は **@while** を使用します。
普段の使用は、**@each** か **@for** を使う機会が多いかもしれません。
実際ほとんどの処理は **@each** か **@for** を使用することで解決できるでしょう。
しかし複雑な処理を行う場合、**@while** が必要になることがありますので覚えておくとよいで
しょう。

書式

```
@while 条件 {
   結果
}
```

SCSS

```
$i: 1;
@while $i < 4{
  .while-#{$i} {
    width: $i * 10%;
  }
  $i: $i + 1;
}
```

$i < 4 の条件が満たされるまで@whileの中の処理を繰り返します。

CSS

```
.while-1 {
  width: 10%;
}
.while-2 {
  width: 20%;
}
.while-3 {
  width: 30%;
}
```

3-2-9 まとめ

Sass のメリットから導入方法、基本機能を紹介しました。

Sass には複雑な多くの機能がありますが、CSS を拡張しているということを忘れないでください。CSS でできないことは Sass でもできません。

根本は CSS ですので CSS の知識が必要です。正しい知識を身につけるようにしましょう。また、多くの機能があるからといって全て使う必要はありません。

CSS を楽に管理できるものと考え、使いたい機能だけ使い徐々に慣れていくとよいでしょう。

Sass/ Documentation（https://sass-lang.com/documentation）

Web 制作者のための Sass の教科書（https://book.scss.jp/）

node-sass とのお別れ ~ Dart Sass へ移行する（https://deep.tacoskingdom.com/blog/48）

04

サンプルで学ぶ
CSSコーディング

この章では実際のサイトの制作の中ではどのように CSS 設計を行っていくのか、サンプルサイトを
例題として進めていきます。

しかし、実際のサイトと同じように制作するとサンプルとしては規模が大きくポイントが絞れないた
め基本となる部分のレイアウト、エレメント、コンポーネントに絞って実践に近い形でコーディング
を進め効率的に制作する考え方も解説していきます。

Chapter 4-1

コーディング作業の考え方と準備

4-1-1　コーディングをはじめる前に

HTML は文書構造にもとづいてマークアップする言語です。

文書構造にもとづいてマークアップするということは、テキストの要素に対して意味をつけていくということですので、デザイン上の見た目が同じでも別の意味をもつデザインであれば使用する HTML タグも変わってくることがあります。

つまり意味づけによってタグが変わるため正解の記述を見つけにくい言語となります。

CSS は HTML の装飾を目的としており柔軟に記述することが可能になっています。

また **ID** 要素やクラス要素も識別するために意味を持たせていることが多いためさらに複雑になります。

したがって、意味づけを優先すれば作業時間がかかり、作業時間を優先すれば意味づけが適当になりがちです。

しかし、我々 Web 制作の現場では、納期や予算などさまざまな要因があります。納期が短いプロジェクトもあるでしょう。

スケジュールの関係でデザインが完成したところからコーディングを開始するなどあるかもしれません。常に 100% 準備された状態でスタートできるということはないでしょう。

このようにプロジェクトごとに課題があり簡単には解決できない問題ですが、できる中で最善のクオリティを出していく必要があります。

プロジェクトの種類に応じてちょうどいいバランスを見つけていくのがよいでしょう。

こういった状況をふまえ効率よく、手戻りを少なく、クオリティの担保された納品物を作成する必要があります。

4-1-2　準備する

では、やり直しの少ないコーディングをするための準備とは何でしょう。

効率よく作業するためにはまず手順や段取りを考えておくことが重要です。

なにも考えずコーディングをし、1ページずつ完成させながら制作していく方法は効率がよいとは言えません。

手順としてまずデザインの共通部分を見極めます。その後、レイアウト、ヘッダー、フッターなどサイト全体で共通している部分から制作していくのがよいでしょう。

さらに共通パーツは後から確認しやすいようにまとめておくことをオススメします。

仮にこのような手順を取らずデザインの通り1ページずつ作成した場合どうなるでしょう、数ページであればさほど問題ないですが、100、200ページと増えてきた場合、あとから共通化部分があると判明した際は今まで作成したページも修正しなければなりません。ここでやり直しが発生してしまいます。

CSSコーディングには事前の準備が大切です。また、コーディング作業を進める場合、次のような流れを頭に入れて事前にシミュレーションしておくとよいです。

- デザインデータを確認し、共通パーツを洗いだす
- 必要なページが分かっている場合は、先にファイルリスト一覧を作成する
- 大枠のコンテンツの枠を作成する
- ヘッダー、フッターなど共通部分を作成する
- スタイルガイドを作成する
- favicon、OGP画像を準備する
- 404ページを作成する
- 検索ページを作成する
- 詳細ページを作成する
- 一覧ページを作成する
- トップページを作成する

では具体的にどのように進めていくのがよいか見ていきましょう。

4-1-3　共通部分を見極め、デザインが意図することを考える

まずはヘッダー、フッター、レイアウトなど大枠の部分がどの程度共通かを見極めます。

ヘッダー、フッターはサイト内で共通することがほとんどですが、ログイン前、ログイン後などで状態が変わる場合もあるかもしれません。また、レイアウトは2カラムなのか1カラムなのかなど複数パターンがある場合があります。

次にコンテンツの共通部分を見極めることが大事です。

最初に確認したいところは共通部分の意味とデザインが同じかどうか？ということです。

意味とデザインが同じであればHTML、CSSのコードは共通して使える可能性が高くなります。

次に確認したいところは文章構造としての意味は違うがデザインが同じ部分です。

見た目が同じであれば共通パーツとして使うことも可能ですが、文章構造が違う場合はコードが重複しても共通のコードから外した方がよいでしょう。

ある程度連携のとれたチームであれば、うまいぐあいに進めることもできますが、初見のデザインであれば、見た目だけでは判断がつかない場合もあるでしょう。

そういった場合は、悩んで手が止まるより実際にデザインをしたデザイナーさんに確認をしながら進めることが大事です。

このようにデザインの意図を意識したコードを書くことが手戻りの少ないコードに繋がります。

また、マージンやフォントサイズ、メインカラーなどサイトで共通して設定できるデザインの細かな数値の違いは共通の数値としてまとめてしまってよいかなどチームで気軽に相談できる場を作っておくことも重要です。

ページの見出し　　　　　　　　　　　　　　　　商品の説明

見た目はほぼ同じだが意味が異なる

4-1-4 CSSとHTMLを管理する

デザインで共通する部分を確認できたら次は共通したコードを管理する方法を考えます。

コードが少ないうちはいいですが、コードが増えると把握が難しくなりますのでどこかにまとめておくのがよいでしょう。またコードをまとめておけば引き継ぎや、後から見なおす場合に有効です。

共通パーツを管理するツールはさまざまありますが、まずは静的 HTML で管理するのがよいでしょう。

管理自体に手間をかけてしまうと大変ですので最初はどんどん追加できる方法が望ましいです。

慣れてきたら書き出し自動化するツールなど導入するのもよいかもしれません。

4-1-5 テンプレート / レイアウト / コンポーネント / エレメントを定義する

1 章の CSS 設計の重要性の項目で紹介した OOCSS、BEM、SMACSS などにも共通しますが CSS 設計を考える上で、正しく分類されていることが重要です。

しかし、やみくもに分けるだけではなく目的にあった分類をする必要があります。

私は、テンプレート、レイアウト、コンポーネント、エレメントと分類しています。

理由は、管理のしやすさ、情報の分けやすさ、複数人での作業のしやすさを考えた結果です。

テンプレート	Webサイトの枠となるもので、特定のレイアウト、コンポーネントまたはエレメントを持っています。
レイアウト	ページの基本レイアウトを管理
コンポーネント	中規模の部品（主に一覧ページを構成する部品）
エレメント	小規模の部品（主に詳細を構成する部品）

これは Web サイトを作る上でも重要になってきます。

今後 CMS を導入する場合、正しく設定できていなければ難しくなります。

CMS を導入しなくても各ページで HTML を共通化できるというメリットもありますので、しっかり設定できれば運用も楽になります。

テンプレートを定義する

テンプレートといっても様々ですが、ここではWebサイトの大枠となるもので一覧ページや、
詳細ページなどページにどのような情報が入っているか内容を定義するものとします。

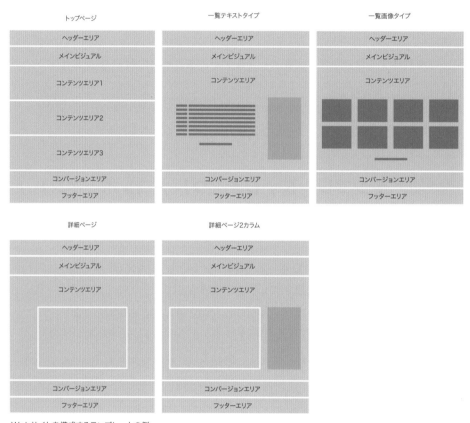

Webサイトを構成するテンプレートの例

プロジェクト規模によって違いはありますが最低限3つ必要だと考えます。

- ●トップページのテンプレート
- ●一覧ページのテンプレート
- ●詳細ページのテンプレート

レイアウトを定義する

レイアウトはテンプレートの中で使用されるもので、ページの枠となります。
枠となるレイアウトとその中で繰り返し使用されるブロックのレイアウトが必要だと考えます。

枠のレイアウト

Web サイトの枠となるもので、2 カラムレイアウト、1 カラムレイアウトなどになります。
また、ヘッダー、フッターなど変更することが少ない共通部分もレイアウトとして考えてもよいでしょう。枠のレイアウトはテンプレートと類似していますが、ページの情報ではなくパーツの共通要素を見ていきます。

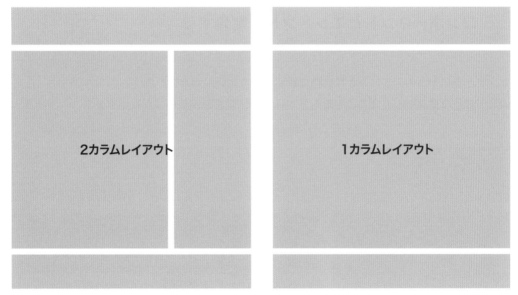

枠のレイアウトのパターン

ブロックのレイアウト

ブロックのレイアウトはコンポーネントの入れ物になります。

主にレイアウトの2カラム、1カラムなどコンテンツ部分で繰り返し使用されるものになります。

コンポーネントを定義すれば一見不要そうに見えますが一定の幅や間隔を設けたい場合に有効です。

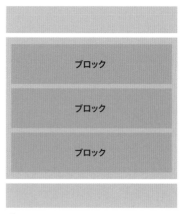

ブロックのレイアウトのパターン

コンポーネントとエレメントを定義する

コンポーネントとエレメントとは実際に表示される情報のかたまりです。

CSS設計では情報のかたまりの粒度をどの単位で区切るかが重要になってきます。

コンポーネント

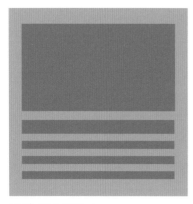

コンポーネントのパターン

エレメント

タイトル名

● リストリスト　　1. リストリスト
● リストリスト　　2. リストリスト

コンポーネントのパターン

コンポーネントとエレメントは明確に分類はしづらいですが、一覧ページで使うものをコンポーネント、詳細ページで使うものをエレメントとして管理するのが良さそうです。ただし、ある程度の文章構造が保たれた集合体であることを意識してください。
どちらもレイアウトの中で繰り返し使用されることを想定しますので、1つのページで複数使用できるようにします。

情報の粒度

CSS コーディングのコツは重複を最小限にすることです。そうすることで、変更があった場合修正する箇所を最小にすることができます。しかし小さな粒度でまとめてしまうとどこでも使える反面、管理が大変になりますので注意が必要です。

商品タイトル商品タイトル商品タイトル商品タイトル

¥1,540

| 3 | カートに入れる |

この商品についてお問い合わせ

商品説明

素材:綿 100%
サイズ: 100mm x 100mm

コンポーネントを適用する前の状態

粒度が大きい、小さいというのはどのようなことでしょう。例を見てみたいと思います。

前ページに示したようなレイアウトの部品があった場合ですが、見出しなど小さいパーツごとに分類して管理する場合は粒度が小さく、反対に全体を一つのかたまりで捉える場合は粒度が大きいと考えます。

粒度が大きい

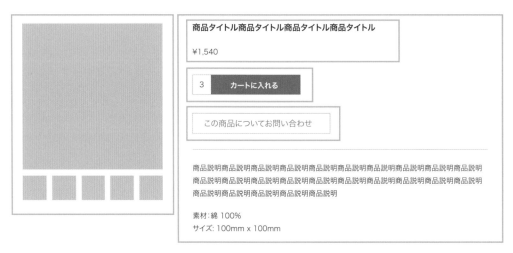

粒度が小さい

また、粒度はプロジェクトによりさまざまで全ての問題を解決できる粒度というのはありません。プロジェクトごとに良いバランスを見つけていかなければなりません。

4-1-6 確認する環境を準備する

業務でのコーディングの場合、Google Chrome など 1 つのブラウザで表示できたから OK と
いうわけではありません。

Web サイトのブラウザはさまざまあり、ユーザーはさまざな環境で閲覧しています。

Chrome、Firefox、Safari、Edge、スマートフォンの環境、さらには Internet Explorer11 環境
もあるかもしれません。

プロジェクトによってブラウザの動作環境は変わってきますが、あとから対応範囲が変わると
取り返しがつかない場合もありますので事前に確認しておくのがよいでしょう。

したがって確認作業には対応範囲をカバーできる実機または仮想環境の準備が必要です。また、
業務でのコーディングは通常デザインが先行しているものが多いです。

多くの場合、デザインはすでにクライアントの確認が通っており忠実に再現する必要があります。

レスポンシブデザインになりデザインの再現性のみ求めることが必ずしも正しいと言えない場
合もありますが、デザインデータとして決まっている幅のデザインに対しては再現することは
必要です。

さらには拡大縮小した幅のデザインで崩れがある場合コーディングでサポートできるとなおよ
いでしょう。

再現性が難しい場合はデザイナーと相談して実現可能なデザインを話し合う必要もあると思い
ますが、デザインデータの再現性はコーディング業務の基本ですので、デザインデータを再現
しなければならないという姿勢を忘れてはいけません。

確認方法はさまざまですが、確実な方法としてコーディングデータの上にデザインデータを透
かして、重ねて見るという作業をオススメします。

全ページを透かして確認する必要はないかもしれませんが、主要なページやパーツは透かして
確認するのがよいでしょう。また、スタイルガイドにコンポーネントをまとめておくとブラウ
ザチェックもまとめてできますので、確認作業が楽になります。

4-1-7　常に使うものは準備しておく

見た目の部分は違いますが基本的な構成など全体的に Web サイトは共通している部分が多いです。

トップページ、一覧ページ、詳細ページ、お問い合わせフォーム、404 ページ、検索ページなどはよく見かけるページとなるでしょう。また、OGP の画像も必要になります。

しかし、404 ページなどなどデザインが用意されていない場合もあります。

必要であれば都度作成依頼をして準備してもらうというのがベストですが、経験として、お任せされる場合もあります。 この場合シンプルな物で十分ですので事前に準備しておくと案件がスムーズに進むことがあります。

私はコーディングをする場合次のものを準備しています。

- 制作ファイルリスト
- スタイルガイド（見出し、リスト、テーブル、ボタン）
- トップページ
- 一覧ページ
- 詳細ページ
- タグ一覧ページ
- 404 ページ
- 検索ページ
- お問い合わせ完了ページ
- OGP

また、ファイルリストやスタイルガイドは後から見なおす時にも、役に立ちますので準備することをオススメします。

汎用的な CSS の場合、比較的使い回しが可能ですのでよく使うものはある程度準備しておくのがよいでしょう。また、複数のプロジェクトで使用できるものは汎用性が高いためコンポーネントの粒度としても優秀です。

プロジェクトが終わったあと、次に役立ちそうなものはないか見直してみるのもよいかもしれません。

Chapter 4-2

コーディングガイドラインを
考える

4-2-1　一貫したコード、作業効率を上げるために

CSSを正しく設計する場合、コーディングガイドラインを考えることは大切です。

またコーディングガイドラインを作ることは作業効率の向上やコードの統一などさまざまな意味があります。

複数で作業する場合に役に立ちますが、管理が長引く案件の場合など一人の作業でも大いに役に立ちます。

注意点としては、ガイドラインは作成する人の基準で決めてしまうことが多いので、あまりこだわりすぎて細かく規制すると思うように書けず効率が下がってしまうこともあります。

一般的な手法を採用したり、案件ごとにスタッフのスキルやコード量を考えて決めるのがよいでしょう。

次のポイントを抑えながら作成してください。

- ●フォーマット
- ●プロパティの並び順
- ●命名規則
- ●CSSのリセット
- ●CSSのコメント
- ●ファイル構造

最後に私の考えるコーディングガイドラインも乗せていますので参考にしてみてください。

フォーマット

HTML、CSS に適切なインデントを入れると視覚的に要素が整理され、可読性が向上します。インデントにタブ文字と半角スペースのどちらを使用するかなどはあらかじめ決めておくのがよいです。

どちらにあわせても問題はないですが混在することは好ましくありません。

可能な限り Prettier やエディタの機能など使用し自動でコードの一貫性を保つことをお勧めします。

※Prettier（https://prettier.io/）とはNode.js上で動作するコードフォーマッターです。
　コードフォーマッターとはソースコードをルールに沿って整えてくれるツールです。

EditorConfig を導入してコードを統一するのもよいでしょう。また、CSS の一括指定プロパティの書き方も決めておくのが良いです。

すべての値を明示的に設定する必要がない限り、一括指定プロパティの省略は控えることをお勧めします。

プロパティの並び順

ルールはアルファベット順で揃えたり決められたタイプ順に揃えるなどあります。

どのタイプを選択しても問題ありませんが、混在することは好ましくありません。

使用するルールはあらかじめ決めておくのがよいです。

この辺り重要視しないのであれば CSS comb などツールを使用して統一をするのもよいかもしれません。

※CSS combとはCSSのプロパティをルールに沿って並び替えてくれるツールです。

命名規則

命名規則に関して、重要なことは一貫性が保たれていることです。

BEM などの方法論を使用するか、チームで定義された方法論を使用するとよいです。

単語の先頭を大文字にする**キャメルケース**や単語の間をアンダースコアにする**スネークケース**などさまざまですが、混在することは好ましくありませんので統一して使用する必要があります。また、よく知られている略語でない限り、省略はさけた方がよいです。

CSSのコメント

CSS は **/* */** の中に書いた文字はコメントとして扱われます。
複雑なコードの場合などコードから読み取れる情報が少ないため、後から見ることを考えてコメントはなるべく残しておく方がよいでしょう。

ファイル構造

ファイル構造はコンポーネント、モジュールなどで分割して管理した方が、分業や再利用化がしやすいメリットがあります。
案件にあった粒度で分割するのがよいでしょう。

コラム

markuplint

markuplint（https://markuplint.dev/）は HTML などマークアップをチェックするツールです。
納品物のソースコードの品質を上げることは重要です。企業によっては一定の品質を保っている必要もあるためプロジェクトチーム内で品質のチェックをする必要があります。個別にコードをチェックするのは大変ですのでこういった場合は Lint ツールを使用するとよいです。
markuplint が使用できる設定をされた環境ではこのような .markuplintrc というファイルをプロジェクトのディレクトリに置くことで内容を分析し、問題点を指摘してくれます。
複数の人が関わるプロジェクトの場合に品質の向上につながりますので導入を検討すると良いでしょう。

コラム

EditorConfig

EditorConfig（https://editorconfig.org/）はコードの書き方を統一できる仕組みです。

EditorConfig を導入することでプロジェクトごとに設定を統一することができます。

各種エディタなどさまざまな環境でも共通のルールを設定できます。

多くは EditorConfig プラグインをインストールすることで使用可能になります。

設定ファイル例

```
root = true

[*]
charset = utf-8
indent_style = space
indent_size = 2
end_of_line = lf
insert_final_newline = true
trim_trailing_whitespace = true

[*.md]
insert_final_newline = false
trim_trailing_whitespace = false
```

EditorConfig が使用できる設定をされた環境ではこのような `.editorconfig` というファイルをプロジェクトのディレクトリに置くことでエディタの設定を反映することができます。

複数の人が関わるプロジェクトの場合などエディタ設定によるトラブルを避け、開発に専念できるようになりますので、設定しておくと便利です。

Chapter 4-3

コーディングガイドライン

4-3-1　CSSコーディングスタイルガイド

私の考えるコーディングガイドラインを解説します。また、本書では次のコーディングガイドラインベースに説明を進めていきます。

CSSコーディングスタイルガイドの目的は、一貫したCSSコードを作成することです。

コーディングマナー

メンテナンス性、可読性を意識したコーディングを心がけ、拡張性、再利用性、柔軟性、効率を意識したルールを持たせます。

また、要素の追加・削除のしやすさを心がけ、アクセシビリティに配慮します。

使用するツール

CSSのリセットにはnormalize.cssを使用します。

アイコンフォントはGoogleが提供しているmaterial-iconsを使用します。

フォーマット

フォーマットの指定はありませんが、統一することは重要です。

コードのフォーマットはツールに任せた方が良いと考えていますので Prettier などツールでの統一をお勧めします。

利用可能なすべての値を明示的に設定する必要がない限り、省略宣言の使用は控えてください。

並び順

プロパティ名の並び順ですが、機能順、アルファベット順などの手法がありますがどのように並べるか特に指定しません。コード整形と同じくツールに任せた方が良いと考えていますので CSS comb やコードエディタの設定で統一をお勧めします。

目安がない場合は次を推奨します。

1. 機能順
2. プロパティ名
3. 擬似要素、擬似クラス
4. メディアクエリ
5. ネストされたクラス

命名方法

フォルダの先頭の文字を接頭辞として使用します。

クラス名は小文字とします。

単語の繋ぎは - (ハイフン) を使用します。

属性、状態はマルチクラスを使用します。

マルチクラスは使用する塊を宣言して限定的に使用します (例：[接頭辞 - 塊 _ 要素] [is- 塊 - 属性])。

記述方法

コンポーネント単位の **class** 名ごとに scss ファイルを作成してください。

!important は意図的に使用してください。

なるべく深いネストは避けてください。3階層を超える場合書き方を再度検討してみてください。

パーツの再利用が3回を超える場合、コンポーネントの作成を検討してみてください。ただし、メンテナンス性を重視する場合は再利用するパーツを作成しても構いません。

後の検索のしやすさを考慮して **&** 記法の使用を避けます。

他のコンポーネントを親とするカスケーディングを避けます。

HTML

```html
<div class="l-box">
  <div class="l-box_head">
    <h2 class="l-box_title">タイトル</h2>
  </div>
  <div class="l-box_body">
    <ul class="e-list is-list-decimal">
      <li>テキスト</li>
      <li>テキスト</li>
    </ul>
    <figure class="e-img is-img-left">
      <img src="img" width="" height="" alt="">
    </figure>
  </div>
</div>
```

CSS

```scss
//NG
//「&」を使った
.l-box {
 &_head {}
 &_title {}
 &_body {}
}
//NG
//他のコンポーネントを親とするカスケーティング
.l-box {
 .l-unit {}
}
or
.l-box .l-unit {}
//Bad
//詳細度が高い
.l-box {
 .l-box_head {}
}
or
.l-box .l-box_head {}
//Good
//詳細度が同じ
.l-box {}
.l-box_head {}
```

コメント

コメントは読みやすさを考え自由に入れてください。

例えば文脈にそった見出しなど記述してください。

複雑なコードはなるべくコメントを残してください。

例

```
/* ====================================================
   #FIME NAME
   ================================================ */

/*  見出し1
    ================================================ */

/*  見出し2
    ------------------------------------------------ */
```

ディレクトリ構造

ディレクトリ構造は次のように設定しています。

```
assets
├── sass
│   ├── bundle.scss
│   ├── packages/
│   ├── layouts/
│   ├── components/
│   ├── elements/
│   ├── core/
│   ├── global/
│   └── lib/
├── css
│   └── bundle.css
├── js
└── img
```

各ファイルの説明を次に解説します。

bundle.scss

コンパイルするパッケージを読み込みます。

```
@use "packages/global";
@use "packages/layouts";
@use "packages/components";
@use "packages/elements";
```

packages

コンパイルするファイルの出力を設定します。

layouts

ヘッダー、フッターなどページの基本レイアウトを管理します。

components

中規模の部品（主に一覧ページを構成する部品）を管理します。

elements

小規模の部品（主に詳細を構成する部品）を管理します。

core

サイトで使う変数や mixins の設定をします。

global

サイト全体で使用する初期設定を管理します。

lib

リセット CSS など外部ソースを管理します。

Chapter 4-4

サイトの仕様を確認する

4-4-1 デザイン全体を確認する

本書では Adobe XD で作成された次のデザインを使用します。

トップページ、404 ページ、一覧（カード）ページ、一覧（ヘッドライン）ページ、詳細ページが含まれています。

詳しくは次の節で説明しますのでここではどのようなサイトか全体像を確認しておきましょう。

※サンプルデザインは本書サポートサイト
https://book.mynavi.jp/supportsite/detail/9784839974824.html
で入手できます。

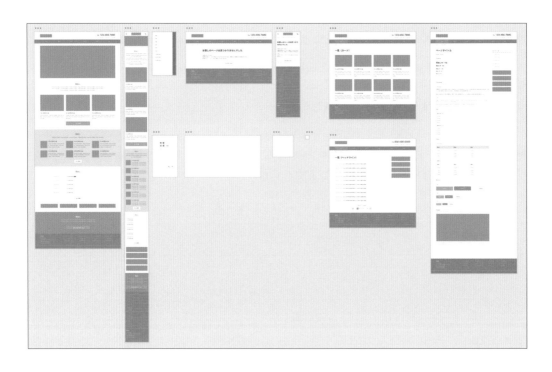

4-4-2 コーディングの指示を確認する

本書では上記デザインを元に次の指示で依頼されたものとします。

ターゲットブラウザ

パソコン

Windows 8.1 以上

- Firefox 最新バージョン
- Google Chrome 最新バージョン
- Microsoft Edge 最新バージョン

Macintosh OS X 10.15 以上

- Firefox 最新バージョン
- Google Chrome 最新バージョン
- Apple Safari 最新バージョン

スマートフォン

iOS 13.0 以上

- Apple Safari 最新バージョン

Android OS 10.0 以上

- Google Chrome 最新バージョン

フォントについて

本文などのテキストはヒラギノ角ゴなどのゴシック体のフォントを使用する。

ブレイクポイントについて

ウィンドウサイズ横幅 769px 以上は PC のレイアウト、768px 以下はスマートフォン用のレイアウトになるようにする。

その他

- デザイン上マージンなど値の細かな違いは統一してよい
- 高解像度ディスプレイ対応のため、画像の書き出しは 2 倍にする
- 特に指定のないリンク（テキストや画像など）はマウスオーバー時に不透明度 60% にする
- 後から文章の差し替えがあるので、文章量や文字数に変更があってもできる限り崩れにくいようにする
- 後から画像の差し替えがあるので、差し替えやすいように書き出しをする

サイトマップ

こちらは、サイトの構成です。
実際の URL と同じディレクトリで表したファイル名と、その位置です。
コーディングファイルも、このディレクトリ構造に沿って作成してください。

```
├──index.html
├──404.html
├──card
│    └──index.html
└──list
     └──entry.html
```

Chapter 4-5

共通部分を確認する

デザインデータを確認し、共通パーツを洗いだす

ここからは実際にデザインデータを元にコーディングを進めていき Web サイトを作っていきます。
まずはデザインデータを確認し、共通パーツを洗いだす必要があります。次のように一つずつ
確認していきましょう。

● トップ
● 一覧
● 詳細
● 404 ページ
● スマートフォン

一番初めに、まず共通部分を作ります。

それから詳細のパーツ・一覧のパーツをつくり、404 ページなど個別のページを作ります。そ
して最後にトップページを作ります。

トップページを最後に作る理由は、ホームページの中でトップページが一番イレギュラーと捉
えることができます。共通するパーツを使用する部分が少ないため、最後にコーディングした
方が効率がいいと考えるためです。

これからデザインを確認しますが、確認するときの心構えとして、ここは似ているな、使えそ
うだ、など共通点を探しながら見比べるようにしましょう。

4-5-2 サンプルデザイン

トップ

まずは、デザインを確認しましょう。こちらはトップページです。

ここでは、ヘッダー、フッターなどサイト共通部分がありそうだと確認できます。実際にヘッダー、フッターはサイト共通部分のようです。

今回は問題ないですが、トップページはヘッダーが少し違うという場合もありますので注意が必要です。

また、トップページは 1 カラムで構成されていますが、途中コンテンツを突き抜けてブラウザの幅全体に広がった背景があるようです。

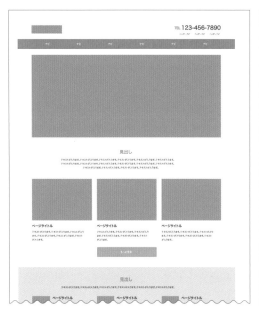

トップページデザイン

一覧

一覧ページのデザインです。

一覧ページは画像タイプとテキストタイプの 2 パターンあるようです。

ヘッダー、フッターは共通で 1 カラムレイアウトと 2 カラムレイアウトのようです。

また、カラム数は違いますが一覧のリスト表示はトップのパーツに似ています。ここではもし
かすると共通で利用できるかもしれないという予測を立てることできます。

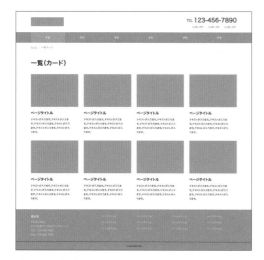
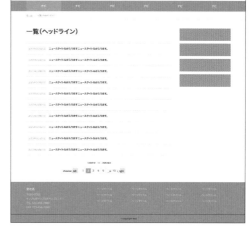

一覧ページデザイン

詳細

詳細ページのデザインです。

共通部分は同じですが、2カラムレイアウトになっています。

レイアウトは一覧ページの2カラムのものと同じようです。

また、今回はテンプレートのようなデザインのため、見出し、本文、テーブルなどが1ページに収まっています。

個別にページが用意されていないと不思議に思うかもしれませんが、実際の案件でもこのようにパーツのデザインのみ支給される場合も珍しくありません。

例えばCMSの導入が決定してる案件の場合、コーディングではページで必要なパーツだけを作り実際のページはCMSの方で作っていくという形ですね。

実際にはこれらの要素が組み合わさってさまざまなデザインのページが作成されていきます。

こういった場合は詳細ページをそのままスタイルガイドして利用するのもよいでしょう。

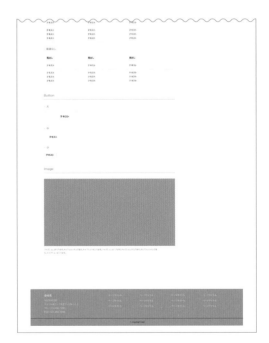

詳細ページデザイン

404ページ

404ページのデザインです。

共通部分は同じで、1カラムレイアウトですが、一覧ページのレイアウト幅とは少し違うように見えます。サイズ的には2カラムレイアウトのメインカラム側に近いようにも見えます。もしかすると共通で利用できるかもしれません。

デザインは非常にシンプルですので、問題点は少なそうですが、マージンに気をつけてデザインを損なわないようにしましょう。

404ページデザイン

スマートフォン

スマートフォンで閲覧した場合のデザインです。

PC閲覧した場合のデザインとの違いを把握することが必要です。

レスポンシブに対応させる場合、スマートフォンのような小さな画面でも見やすいようにCSSで調整する必要があります。

PCのデザインでは2カラムでしたが、こちらでは1カラムにデザインされています。複数の
カラムが並んでいると、スマートフォンでは非常に見にくくなってしまうからです。

今回は、必要な箇所のみ用意しており、足りない箇所はPCのデザインを流用し、閲覧しづら
い場合に調整するという形で進めます。このあたりの判断はケースバイケースですので、足り
ない箇所があれば先に確認するのが良いでしょう。

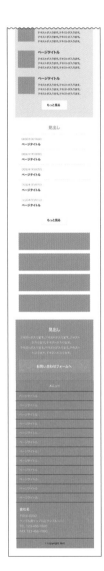

スマートフォンサイトのデザイン

4-5-3 デザインを確認してテンプレートを分類する

では早速、テンプレートを分類したいと思います。

デザインを確認するとトップページ、404 ページ、一覧（カード）ページ、一覧（ヘッドライン）ページ、詳細ページとなっており、テンプレートとしては次の 5 パターンに分類できそうです。

このときデザインファイルのまま確認がしづらい場合は 1 ページずつ画像ファイルに書き出したり、印刷して確認するのも良いでしょう。

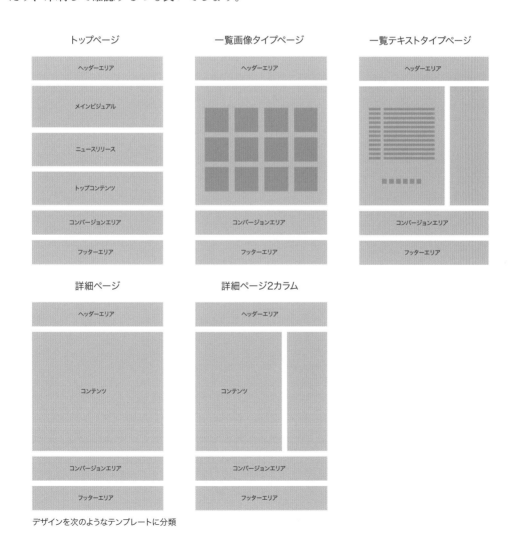

デザインを次のようなテンプレートに分類

ここで必要なページがわかっている場合は制作ファイル一覧をつくるとよいでしょう。

```
.
├── トップページ(index.html)
│   ├── 404ページ(404.html)
│   ├── カテゴリー一覧(/category/index.html)
│   └── ニュース一覧(/news/index.html)
│       └── 詳細ページ(/news/entry.html)
│
└── 制作ファイルリスト(filelist.html)
```

また、今回は仕様にサイトマップがありデザインデータと比べても変わりありませんので作成したいと思います。

最初は簡単な HTML で良いですので filelist.html として作成しておきます。

```
//htmlの枠は省略。コンテンツ部分のみ掲載

<h1>ファイルリスト一覧表</h1>
<table>
 <thead>
 <tr>
   <th>ID</th>
   <th>タイトル</th>
   <th>リンク</th>
   <th>備考</th>
 </tr>
 </thead>
 <tbody>

 <tr>
   <td>1</td>
   <td>トップ</td>
   <td><a href="/" target="_blank" rel="noreferrer">index.html</a></td>
   <td></td>
 </tr>
 <tr>
   <td>2</td>
   <td>画像タイプ一覧</td>
   <td><a href="/card/index.html" target="_blank" rel="noreferrer">/card/</a></td>
   <td></td>
 </tr>
 <tr>
   <td>3</td>
   <td>└ テキストタイプ一覧</td>
   <td><a href="/list/index.html" target="_blank" rel="noreferrer">/list/index.html</a></td>
   <td></td>
 </tr>
 <tr>
   <td>4</td>
   <td>詳細ページ</td>
   <td><a href="/list/entry.html" target="_blank" rel="noreferrer">/list/entry.html</a></td>
```

↱ 次ページに続く

```
    <td></td>
  </tr>
  <tr>
    <td>5</td>
    <td>404</td>
    <td><a href="/404.html" target="_blank" rel="noreferrer">404.html</a></td>
    <td></td>
  </tr>
  <tr>
    <td></td>
    <td>スタイルガイド</td>
    <td>
        <a href="/utility/styleguide.html" target="_blank" rel="noreferrer">utility/
styleguide.html</a>
    </td>
    <td></td>
  </tr>

  </tbody>
</table>
```

ブラウザで見た場合このような表示になります。

ファイルリストがあると、本の目次のように使うことができます。コーディングするページや、すでに作業が完了したページなど進捗が把握しやすいのでオススメです。

複数人で確認をする場合も、役に立ちますのでなるべく作るように心がけます。

シンプルなファイルリストの例

4-5-4 共通設定箇所を探す

次に共通で設定できそうな箇所を見ていきます。

具体的にはブレイクポイント、ベースカラー、フォントファミリー、フォントサイズ、フォントカラー、マウスオーバーの処理などです。

共通で設定できそうな数値があれば sass/core/_variables.scss にファイルを作成し指定していきます。慣れないうちは、はじめから変数化しなくてもよいかもしれません。同じ数値が3回、4回と出てきたときに変数化するという形でもよいでしょう。

ここで言う変数とは Sass の変数になります。

ここでは次の値を変数として登録しました。

```scss
@use "sass:color";

// grid
$portrait:375px !default;
$landscape:767px !default;
$desktop:1192px !default;

// Width
// ...

// Base Colors
$primary-light-color: #B2EBF2 !default;
$primary-color: #00BCD4 !default;
$primary-dark-color: #0097A7 !default;

//Text Color
$primary-text: #212121 !default;
$secondary-text: rgba(0,0,0,0.6) !default;
$disabled-text: rgba(0,0,0,0.38) !default;
$dividers: #dedede !default;

//Link Color
$link-text: #007EEB !default;
$hover-text: color.adjust($link-text, $alpha: -0.4) !default;
$activc-text: color.adjust($link-text, $alpha: -0.4) !default;

// Font Size
$base-font-size:16px !default;
$base-font-size-landscape:14px !default;
$base-line-height:1.5 !default;
$base-line-height-landscape:1.7 !default;

// Font family
$my-font-family: "Hiragino Kaku Gothic ProN","Hiragino Sans", "Helvetica Neue",  Arial, Meiryo, sans-serif;
```

ここで注意しておきたいのはフォントに関してです。

変数としてはフォントサイズ、行間は1つしか登録していませんが、Webサイト全体を通してみるとフォントサイズ、行間は複数パターンある場合もあるでしょう。

ここでは一番標準的に使われている箇所を選択し、ベースとして使用するのが良いでしょう。それ以外の箇所は個別または別に変数を作成して対応します。

デザイナーは全体の余白やオブジェクト同士の間隔、見出しや画像、本文との関係など様々な要素を非常に繊細に設定しています。

デザイン通りにコーディングすることは我々の使命であり、それを成すためにはフォントの調整が必須です。

例えば、詳細ページ本文の場合はフォントサイズと行間が少し大きめだったり、注意が必要です。フォントサイズなど標準のまま使っていないと思っておくのが良いでしょう。

また、フォント周りは、後から調整すると余白がずれたり全体に大きく修正が入ります。できるだけ最初に調整しておきたい箇所となります。

フォント周りをCSSに変換する計算方法

本書ではサンプルデザインに Adobe XD を使用していますので Adobe XD をベースに変換方法を説明いたします。他のデザインツールでも基本的には同じ考え方となります。事前に調べて、デザインツールの特徴に合わせて変換するようにしてください。

①フォントサイズ（font-size）

デザインの単位は px ですが em で指定したいケースもあります。

その場合は、1em は1文字分ですので次の計算式 em に変換することができます。

CSS で指定する場合は font-size を使用します。

自身のフォントサイズ ÷ 親要素のフォントサイズ

Adobe XDのプロパティウィンドウ

②字間 (letter-spacing)

字間は文字の横方向の余白のことで、数値が大きいと余白が大きくなります。

CSS で指定する場合は `letter-spacing` を使用します。

計算したい場合は 1000 で割ると `em` に変換することができます。

```
字間 ÷ 1000
```

③行間 (line-height)

行間は文字の縦方向の余白のことで、数値が大きいと余白が大きくなります。

CSS で指定する場合は `line-height` を使用します。

また、`line-height` は単位なしで指定することが一般的です。

理由としては、単位有りで指定した場合、子要素に `line-height` の値も継承してしまうためです。

line-height - CSS: カスケーディングスタイルシート | MDN （https://developer.mozilla.org/ja/docs/Web/CSS/line-height）

```
行間 ÷ フォントサイズ
```

これでデザインの数値を CSS に変換することができました。

フォントの調整をデザインに合わせることができるかどうかは最終的なクオリティーに大きく影響しますので十分に意識しておきましょう。

4-5-5　レイアウトを確認する

ここでは大まかなレイアウトを考えます。その後ヘッダーフッターと徐々に内部を作っていくようにします。

まずはあまり深く考えずデザインをみてください。

一覧ページの１カラムと詳細ページの１カラムと２カラムとがあります。この場合トップページは一度置いておきます。 Web サイトにおけるトップページは特殊な形になる場合が多いですので可能であれば詳細、一覧ページから作成していくようにします。

枠のイメージとしてはヘッダー、フッターとコンテンツ部分で分けると次の色分けした1192px の１カラムと 842px と 300px の２カラムと 842px の１カラムの３パターンが見えてきます。

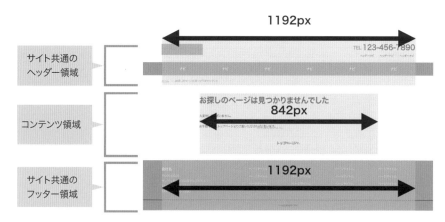

404 ページのカラムサイズを割り出す

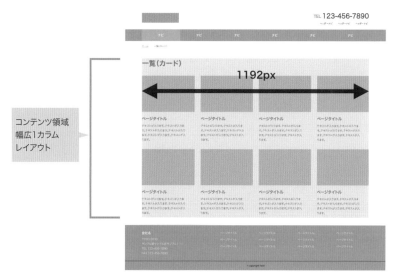

一覧ページのカラムサイズを割り出す

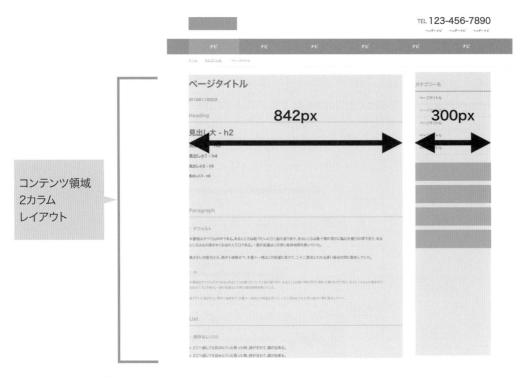

詳細ページのカラムサイズを割り出す

さらに共通点を考えると 842px と 300px の 2 カラムと 842px の 1 カラムはメインカラムの部分は同じ幅であることがわかります。この部分を共通化できると良さそうです。

最後にトップページをみてみると一覧ページの 1192px の 1 カラムに似ています。全幅の背景のレイアウトができれば共通して使えそうだと考えることができそうです。

この時点で無理にトップページまで含めて汎用化を考える必要はありませんが、使えそうだということは意識しておくと良いでしょう。

ここで先ほどの _variables.scss にデザインで確認した幅を追加しておきます。

```scss
// Width
$container-width: 1192px !default;
$primary-width: 842px !default;
$secondary-width: 300px !default;
```

ここまでイメージすることができればレイアウトに関しては完了です。

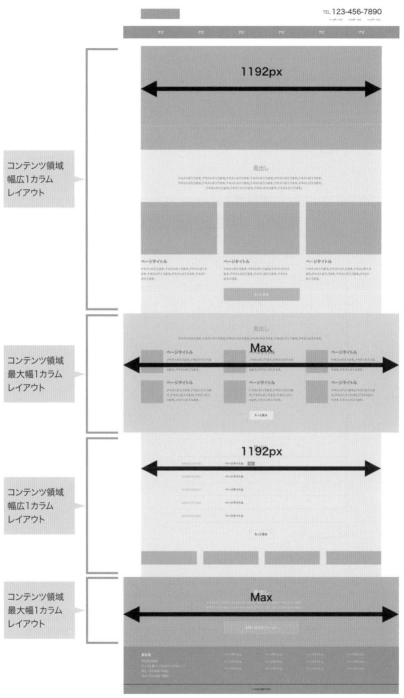

コンテンツ領域
幅広1カラム
レイアウト

コンテンツ領域
最大幅1カラム
レイアウト

コンテンツ領域
幅広1カラム
レイアウト

コンテンツ領域
最大幅1カラム
レイアウト

トップページのカラムサイズは特殊であることがわかる

4-5-6 パーツを確認する

パーツも大まかにみていきましょう。

詳細ページのデザインを見てください。

デザインにスタイルガイドのようなパーツが一覧できるデザインがあればそちらを確認します。

本文のパーツで
構成されている

詳細ページが本文のパーツ一覧として確認に使用できる

404 ページは詳細ページのパーツで構成できそうだということがわかる

詳細ページには本文を構成する小さい単位のパーツがあるようです。

一覧ページはリスト形式で画像とテキストのパターンがありページネーションがあります。

404 ページをみてみると、詳細ページを作るとパーツを流用できそうだということが確認できます。

トップページも詳細と一覧の組み合わせで作成できそうです。しかし、微妙な違いがあるかもしれません。

基本的にはパーツはどこでも使えるように作るのが良いですが、トップページなど特殊なページは無理に共通化をせず、個別に指定しても良いでしょう。

また、デザイン有無の関係なくパーツを一覧できるページを作るようにします。

ここでは utility/styleguide.html というファイルを作成するようにしました。

パーツをコーディングしたらスタイルガイドのページにもパーツを追加していくようにします。

このように実際に手を動かす前に頭の中でイメージしてからコーディングするようにしてください。そうすることで、ある程度予測することができるようになり、無理な実装方法を避けることができます。

4-5-7 ファイル構成とコンパイル

ここで一度サンプルコードを確認してみましょう。本書では次のフォルダとファイル構成で進めていきます。

ここでは Sass を前提としたフォルダ構成となっています。

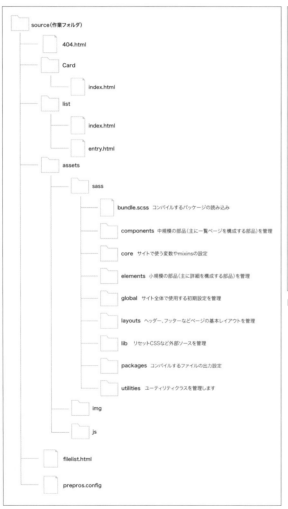

フォルダ構成

Prepros の場合

次に sass フォルダ以下の構成を確認します。

lib フォルダ

リセット CSS など外部ソースを管理します。

global フォルダ

リセットの上書きなどサイト全体で使用するソースを管理します。

core フォルダ

サイトで使う変数や mixins を管理します。

ここまでがサイトのベースの設定となります。最初の設定が終わると後から触ることは少なくなります。ここから以降本書で出てくるサンプルソースを置くフォルダになり、普段の制作でも主に触る箇所となるでしょう。

components フォルダ

主に一覧ページの部品を管理します。

elements フォルダ

主に詳細ページの部品を管理します。

layouts フォルダ

サイトのレイアウトを管理します。

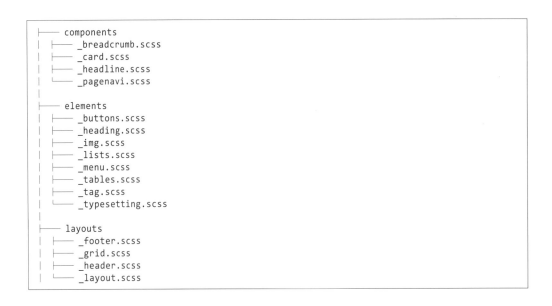

```
├── components
│   ├── _breadcrumb.scss
│   ├── _card.scss
│   ├── _headline.scss
│   └── _pagenavi.scss
│
├── elements
│   ├── _buttons.scss
│   ├── _heading.scss
│   ├── _img.scss
│   ├── _lists.scss
│   ├── _menu.scss
│   ├── _tables.scss
│   ├── _tag.scss
│   └── _typesetting.scss
│
├── layouts
│   ├── _footer.scss
│   ├── _grid.scss
│   ├── _header.scss
│   └── _layout.scss
```

ここまでがサイトで使用するパーツなど Sass ファイルの一式となります。

次に、これらをまとめて書き出し先を設定するファイルを作成します。

packages フォルダ

ここでは lib フォルダや global フォルダ、components フォルダなど作成したものをまとめて書き出す用にファイルを作成します。

packages/_ で使用しているフォルダ .scss の項目で作成し、ファイルの内容は部品などを指定します。

```
├── packages
    ├── _components.scss
    ├── _elements.scss
    ├── _global.scss
    ├── _layouts.scss
    └── _utilities.scss
```

参考に packages/_components.scss の内容を見てみると次のように /components/ で作成した部品たちが指定されているのが確認できます。

_components.scss

```
@use "../components/breadcrumb";
@use "../components/headline";
@use "../components/card";
@use "../components/pagenavi";
```

最後に bundle.scss に packages で作成したファイルを指定します。

bundle.scss

ここで読み込みの順番に気をつけましょう。意図せず上書きがされてしまうことがあるので global などの初期設定は一番上に読み込むようにします。

bundle.scss

```
@use "packages/global";
@use "packages/layouts";
@use "packages/elements";
@use "packages/components";
@use "packages/top";
@use "packages/utilities";
```

最後に Prepros で sass/bundle.scss をコンパイルし、csss/bundle.css が作成できればフォルダ構成の設定は完了です。

Preprosでコンパイルする例

Zeplin

Zeplin（https://zeplin.io/）はデザインデータをチームで共有するためのツールなのですが、それだけではくコーディングに役立つ機能が沢山あります。

使いこなすことで作業効率がかなり上がりますので紹介したいと思います。

デザインのデータ形式は Adobe XD・Sketch・Figma・Photoshop に対応しており各ツールからデザインデータをインポートして使用することができます。

インポートの手順や操作は方法は公式サイトから確認してみてください。

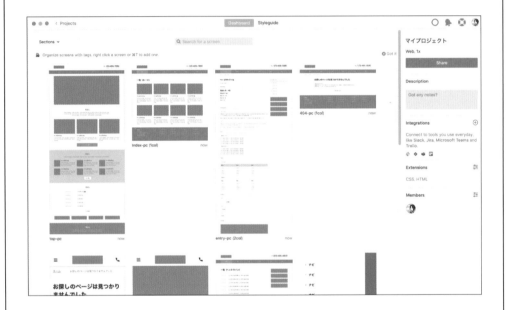

Adobe XD のデザインデータを Zeplin へインポートしたサンプルです。

では、早速コーディング目線で機能をみてみたいと思います。

主に次のような機能があります。

CSS の値を表示

各要素の距離や CSS の値といったコーディングに役立つ情報を確認することができ CSS を記述する手間を省くことができます。

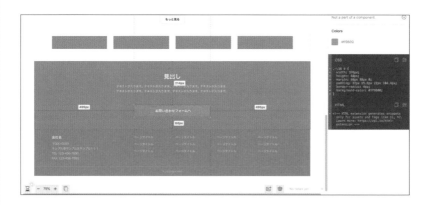

デザインの透かし機能

デザインを透かしたものを画面上に浮かせて表示させることができます。
コーディング中のサイトをブラウザに表示させて、透かしたデザインを重ねることでデザインと合っているか確認することができます。

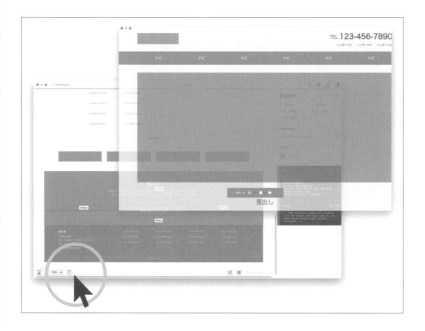

デザインのスタイルガイド機能

使用しているカラーリスト、CSS 変数化など確認することができます。

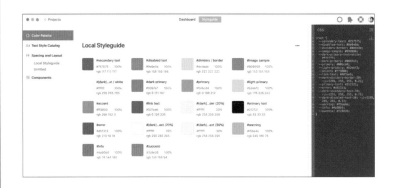

変更履歴

変更履歴にコメントをつけて残すことができます。

これ以外にも画像を書き出したり、テキストをコピー＆ペーストすることができます。

このように役立つ機能が多く一度使いだすと手放せなくなるほどです。また、冒頭でチームで共有するためのツールといいましたが、純粋にコーディングのみ担当する場合などチーム内であまり共有しないプロジェクトであっても一人で使うメリットはあると考えています。

例えば新しいデザインファイルが来たタイミングで Zeplin にインポートしておけば、変更履歴がわかりますので作業時どこが変更されたのか判断しやすかったりとオススメです。

1 プロジェクトであれば無料で使用することができますので興味があれば試してみてください。

レイアウトを作成する

ある程度全体のイメージできてきたと思いますのでここからは実際のコーディング作業に入っていきます。フッター、ヘッダー、メインカラムレイアウトを作成していきます。

ここでは layouts の頭文字である l- の接頭辞をがつくクラスが該当します。

なお、私は普段フッターから作成することが多いためこの順番ですが、ヘッダー、メインレイアウトから先に作成いただいても問題はありません。作成していくモチベーションも大事ですので、細かい順番などは自分がやりやすいところから進めていくのが良いでしょう。

4-6-1 フッターの作成

PC とスマートフォンの完成デザイン

イメージコーディング

まずはフッターのデザインを見てみましょう。

シンプルなデザインとなっており、幅いっぱいのボーダーを境にして上の段に会社情報と右側にナビゲーション、下の段にコピーライトの表記があります。

ボーダーが幅いっぱいまで伸びていますがこちらは幅いっぱいの外枠と内側のコンテンツで分けて考えるようにします。

次のようにイメージすることができます。

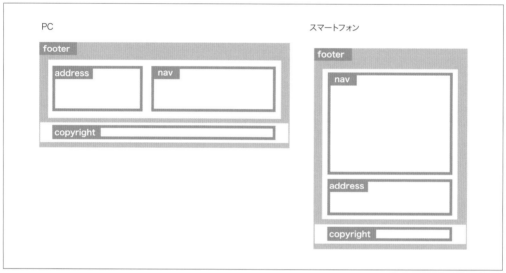

PC でフッターが 2 カラム、スマートフォンでは 1 カラムになっている例

実際のコーディング

では実際のソースコードに置き換えてみましょう。

次のようにコーディングしました。

まず外枠を l-footer としてその中のコンテンツを primary、secondary とします。

さらに、その中にコンテンツ要素である address を配置しています。

住所とナビゲーションの部分は flexbox で左右に表示させるのが良いでしょう。

コンテンツ内のコードは省略しますので、サンプルデータをご参照ください。

この時のポイントはレイアウト要素である **primary** とコンテンツである **address** は別で考えるということです。

このように幅などレイアウトに関するものとコンテンツに関するものは分けて考えることでやり直しの少ないコードになります。

HTML

```html
<footer id="footer" class="l-footer">
    <div class="l-footer_primary">
        <div class="l-footer_address">住所</div>
        <div class="l-footer_nav">ナビ</div>
    </div>
    <div class="l-footer_secondary">
        <div class="l-footer_copy">コピーライト</div>
    </div>
</footer>
```

SCSS

```scss
.l-footer {
    color: #FFFFFF;
    background-color: #0097A7;
}
.l-footer_primary {
    display: flex;
    margin-right: auto;
    margin-bottom: 15px;
    margin-left: auto;
    padding-right: 16px
    padding-left: 16px;
    flex-flow: row wrap;
    justify-content: flex-start;
}
@media only screen and (min-width: 767px) {
    .l-footer_primary {
        max-width: 1192px;
        margin-bottom: 16px;
        padding-top: 28px;
    }
}
.l-footer_secondary {
    padding-top: 13px;
    padding-right: 16px;
    padding-bottom: 13px;
    padding-left: 16px;
    text-align: center;
    border-top: 1px solid rgba(255, 255, 255, 0.2);
}
.l-footer_address { }
.l-footer_nav { }
.l-footer_copy {}
```

スマートフォンの場合はどうでしょうか。

デザインは縦並びですが、HTML 構造のまま縦にならぶと **address** と **nav** の位置が逆になってしまいます。

この場合、次のように **order** を指定して表示順を切り替えます。

スマートフォンでは HTML の構造が PC と異なり 1 カラムで構成される場合が多いため逆になっている場合もあります。

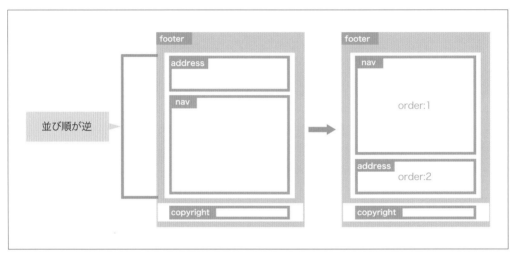

スマートフォンで構造が PC と逆になっている例

SCSS

```scss
.l-footer_address {
  order: 2;
}
.l-footer_nav {
 order: 1;
}
@media only screen and (min-width: 767px) {
 .l-footer_address,
 .l-footer_nav {
  order: initial;
 }
}
```

4-6-2 ヘッダーの作成

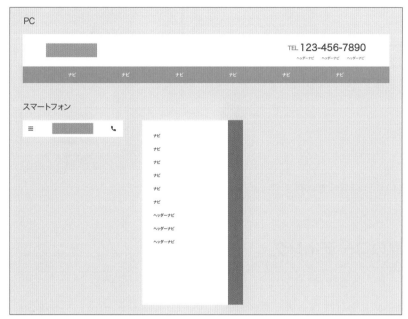

PC とスマートフォンの完成デザイン

イメージコーディング

ヘッダーを見てみます。

フッターと同じく上下に2つのエリアにわかれていることがわかります。

また、ヘッダーはスマートフォンでは大きく見た目が違う場合もあります。

1つのソースでまとめることが理想ですがこのように大きく見た目が違う場合は無理に合わせるより思い切って HTML を PC 用、スマートフォン用で2ソース用意してメディアクエリで表示非表示を出し分けるというのも良いかもしれません。

今回は2ソースに分けてコーディングを進めたいと思います。

スマートフォン時によく登場する横3本線のメニューですがこちらをクリックすることでナビゲーションが左から右へ登場するようにします。

PC

スマートフォン

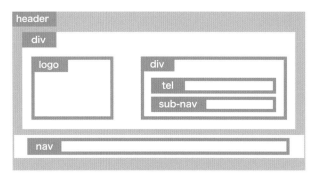

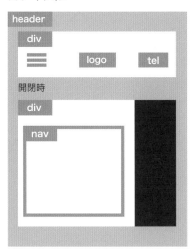

開閉時

PC とスマートフォンのヘッダーレイアウトの例

実際のコーディング

今回は 2 ソースに分けてコーディングしますので .l-header_pc と .l-header_sp で明示的にコードを分けることにしました。

また、header も footer と同様に l-header-pc、l-header-sp としてその中のコンテンツを primary、secondary とします。

ヘッダーでは primary-pc や primary-sp といった形で表示非表示を一括管理しました。

よく見ると logo など要素が詳細度の上がる指定となっていますね。これはコーディングルールとしては避けたい指定です。

入れ子を避けるため、primary-pc を指定せず .l-header_logo-pc、l.-header_logo-sp など細かく分ける方法もありますが、logo などの要素は CMS で利用する場合に PC、SP で同じクラス名である方が都合が良い場合があるため、キリがよさそうな l-header_primary-pc などで分けるようにしました。

このような意図的に使用するのであれば問題ありません。

PC の primary、secondary の中の要素であるロゴやナビゲーション回りは flexbox で横並びにするのが良いでしょう。

スマートフォンの **primary** も **flexbox** で横並びにします。また、**footer** 同様、HTML と
表示の並び順を変更したいので **order** を使い並び順を変更します。

```
<header id="header" class="l-header">
  <div class="l-header_pc">
    <div class="l-header_primary-pc">
      <p class="l-header_logo">ロゴ</p>
      <div>
        <p class="l-header_tel">TEL</p>
        <div class="l-header_sub-nav">ヘッダーナビ</div>
      </div>
    </div>
    <div class="l-header_secondary-pc">
      <nav class="l-header_nav" aria-label="デスクトップ用サイト全体のメニュー">
        <ul>
          <li><a href="">グローバルナビゲーション</li>
        </ul>
      </nav>
    </div>
  </div>

  <div class="l-header_sp">
    <div class="l-header_primary-sp">
      <div class="l-header_order2"><p class="l-header_logo">ロゴ</p></div>

      <div class="l-header_order1">
        <div class="l-header_nav-control">
            <button type="button" aria-controls="aria-offcanvas" aria-expanded="false"
arialabel="開く" data-toggle-offcanvas>
              <span class="l-header_nav-control-icon"><span></span><span></span><span></
span></span>
          </button>
        </div>
      </div>

      <div class="l-header_order3"><p class="l-header_tel">TEL</p></div>
    </div>
    <div class="l-header_secondary-sp">
      <div class="l-header_nav" aria-hidden="true" data-body-offcanvas>
        <div id="aria-offcanvas" class="_nav-body">
          <nav aria-label="スマートフォン用サイト全体のメニュー">
            <ul>
              <li><a href="">グローバルナビゲーション</li>
            </ul>
          </nav>
        </div>
      </div>
      <div id="js-offcanvas-bg"></div>
    </div>
  </div>
</header>
```

まず PC とスマートフォンの表示の切り替えを設定します。

```css
.l-header_pc {
    display: none;
}
.l-header_sp {}
@media only screen and (min-width: 767px) {
    .l-header_pc {
        display: block;
    }
    .l-header_sp {
        display: none;
    }
}
```

PC は **flexbox** を使い横並びにします。

PC

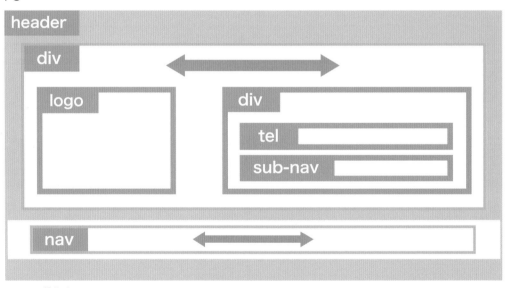

flexboxで横並び

```
.l-header_primary-pc {
    display: flex;
    max-width: 1192px;
    margin-right: auto;
    margin-left: auto;
    padding-right: 16px;
    padding-left: 16px;
    flex-flow: row nowrap;
    justify-content: space-between;

    .l-header_nav {
        max-width: 1192px;
        margin-right: auto;
        margin-left: auto;
        padding-right: 16px;
        padding-left: 16px;
    }
    .l-header_nav ul {
        display: flex;
        flex-flow: row nowrap;
        justify-content: space-between;
        align-items: center;
    }
}
```

スマートフォンの **primary** 側も **flexbox** を使い、横並びにしますが **order** で並び順を変更します。

スマートフォン

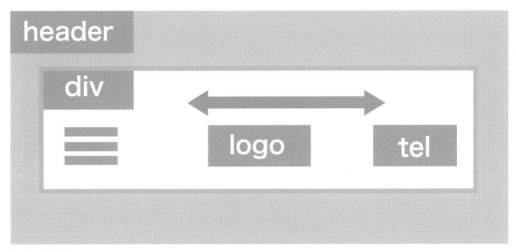

flexboxで横並び

```
.l-header_primary-sp {
    display: flex;
    height: inherit;
    padding-right: 16px;
    padding-left: 16px;
    flex-flow: row nowrap;
    justify-content: space-between;
    align-items: center;

    .l-header_order1 {
        order: 1;
    }
    .l-header_order2 {
        order: 2;
    }
    .l-header_order3 {
        order: 3;
    }
}
```

スマートフォンの**secondary**側は横3本線
のメニューをクリックすることで表示を切り
替えます。クリックしたかどうかはJavaScript
を使い判定を行いますが、CSSでは**aria-
hidden='false'** の場合に表示非表示を切り
替えるようにしています。

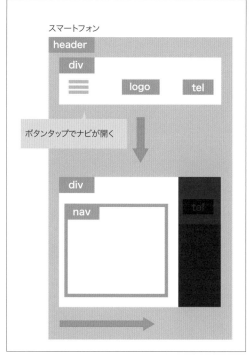

ボタンをタップすると横からナビゲーションが表示される

```
.l-header_secondary-sp {
  .l-header_nav {
      position: fixed;
      z-index: 9999;
      top: 0;
      bottom: 0;
      left: 0;
      display: block;
      width: 256px;
      height: 100%;
      transition-delay: .1s;
      transition-timing-function: cubic-bezier(.4, 0, 0.2, 1);
      transition-duration: .2s;
      transition-property: transform, left;
      transform: translateX(-257px);
      background: #fff;
      transform-style: preserve-3d;
  }
  [aria-hidden='false'].l-header_nav {
      transform: translateX(0);
      background: #fff;
  }
  .l-header_nav-body {
      position: absolute;
      z-index: 9999;
      top: 0;
      right: 0;
      bottom: 0;
      left: 0;
      overflow-x: hidden;
      overflow-y: auto;
      background: #fff;
      -webkit-overflow-scrolling: touch;
  }
}
```

ヘッダー、フッターの枠を作成することができました。

コンテンツ内のコードは省略していますので詳しくはサンプルデータをご参照ください。

また、ヘッダー、フッターに関してはコンテンツ内やヘッダーフッター間で共通化できるパーツであったとしても分けておくのが良いでしょう。

4-6-3　メインカラムレイアウトの作成

イメージコーディング

次にカラムレイアウトについて見てみます。

1カラムレイアウトが2つと2カラムレイアウトが1つ、全部で3つのパターンがあることがわかります。

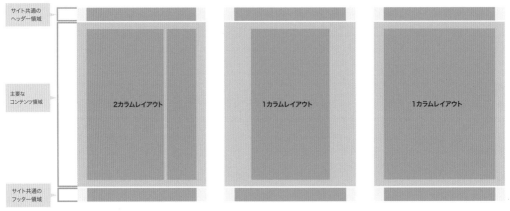

カラムレイアウトのパターン

2カラムの場合のメインカラムと1カラムの小さい幅は同じサイズのようですので2カラムをそのまま使うと良さそうです。

1カラムの小さい物をベースとして作成し、大きいパターンと2カラムのパターンを作ることにします。

カラムレイアウトはシンプルにすることを心がけてください。また、トップページの幅100%レイアウトは背景がブラウザ幅まで伸びているようです。

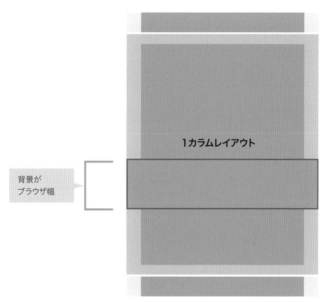

一部ブラウザ幅を超えるデザインがあった

実際のコーディング

では実際のソースコードに置き換えてみましょう。

まずは1カラムレイアウトですが、l-container のなかに l-container_primary と入れることで表現しました。次に幅広の1カラムレイアウトの場合は l-container_primary-full としています。また、2カラムレイアウトは l-container のなかに l-container_primary、l-container_secondary として is-container-column をつけることで表現しています。

HTML

```
<div class="l-container">
  <div class="l-container_primary-full"></div>
</div>

<div class="l-container">
  <div class="l-container_primary"></div>
</div>

<div class="l-container is-container-column">
  <div class="l-container_primary"></div>
  <div class="l-container_secondary"></div>
</div>
```

CSS

```css
/* @ 1column
* --------------------------------------------------------- */
.l-container {
    max-width: 1192px;
    margin: 0 auto;
    padding-right: 16px;
    padding-left: 16px;
}
.l-container_primary-full,
.l-container_primary {
    width: 100%;
    margin: 0 auto;
}
.l-container_primary {
    max-width: 842px;
}
/* @ 2column
* --------------------------------------------------------- */
@media only screen and (min-width: 767px) {
    .is-container-column {
        display: flex;
        flex-flow: row nowrap;
        justify-content: flex-start;
        }
    .is-container-column .l-container_primary {
        width: 70.6375838926%   /* div(842px / 1192px) * 100%; */
        margin-left: 0;
    }
}
.is-container-column .l-container_secondary {
    position: relative;
    width: 100%;
}
.is-container-column .l-container_secondary::before {
    position: absolute;
    top: 0;
    left: 0;
    width: 100%;
    height: 1px;
    margin-right: -16px;
    margin-left: -16px;
    padding: 0 16px;
    content: '';
    background-color: #C6C6C6;
```

⤵ 次ページに続く

```
}
@media only screen and (min-width: 767px) {
    .is-container-column .l-container_secondary {
        width: 25.1677852349% /* math.div(300px, 1192px) * 100%; */
        margin-top: 0.4em;
        border-top-width: 0;
    }
    .is-container-column .l-container_secondary::before {
        display: none;
    }
}
```

4

エレメントを作成する

4-7-1 詳細ページを構成する要素

前節で外側のレイアウトと共通部分が完成しました。

次にエレメントを作成していきたいと思います。

最小の情報のかたまりの粒度を定義するのは難しいですが、多くの場合、詳細ページで使用するものという風に定義すると分類しやすいかもしれません。

エレメントは詳細ページで使用することがほとんどですので共通で間隔を空けることができるようマージンボトムを設定することにします。

ここでは elements の頭文字である **e-** の接頭辞をつけたクラスが該当します。

- 見出し
- リスト
- テーブル
- 本文
- ボタン

4-7-2 見出し

完成デザイン

Heading

見出し大 - h2

見出し中 - h3

見出し小1 - h4

見出し小2 - h5

見出し小3 - h6

見出しの完成デザイン

イメージコーディング

デザインを見るとシンプルな構成で、見出しの強さによりフォントサイズの違いがあるようです。ここで事前に考えておくポイントはフォントサイズの指定と見出しの余白になります。

フォントサイズの指定には **px**、**em**、**%** など様々ありますがスマートフォン、PC など画面サイズにより明確にフォントサイズが決められている場合は計算がしやすい **px** で指定すると良いでしょう。

ブラウザの画面サイズにより変更したい場合は **vw**、ルートでフォントサイズを管理している場合は **rem** を使用して指定するのも良いでしょう。

また **vw** で指定する場合の注意点として、幅を広げすぎた場合の最大のフォントサイズを考えておくと良いです。

今回は **rem** を使用したいと思います。

次に見出しの余白ですが、見出しの余白はデザイン上規則性があることが多いです。

さらに見出しを使用するケースは限定できますので他のコンポーネントと干渉する可能性は低くなります。こういった点から見出しの余白は個別に設定するのも良いでしょう。

ポイントとして CMS の本文などで使用する場合、画像の回り込みに入った場合、背景や **border** などが画像の後ろに伸びてしまいます。

対策としてあらかじめ **overflow: hidden;** を適用しています。

背景が伸びている例

overflow: hidden で防いでいる例

実際のコーディング

共通の指定はまとめて次のようにコーディングしました。

HTML

```
<h2 class="e-heading2">見出し大 - h2</h2>
<h3 class="e-heading3">見出し中 - h3</h3>
<h4 class="e-heading4">見出し小1 - h4</h4>
<h5 class="e-heading5">見出し小2 - h5</h5>
<h6 class="e-heading6">見出し小3 - h6</h6>
```

CSS

```
.e-heading1,
.e-heading2,
.e-heading3,
.e-heading4,
.e-heading5,
.e-heading6 {
  font-weight: bold;
  line-height: 1.5;
  overflow: hidden;
  margin-bottom: 1rem;
}

.e-heading1 {font-size: 28px;}
.e-heading2 {font-size: 24px;}
.e-heading3 {font-size: 20px;}
.e-heading4 {font-size: 18px;}
.e-heading5 {font-size: 16px;}
.e-heading6 {font-size: 16px;}


@media only screen and (min-width: 767px) {
  .e-heading1 {font-size: 36px;}
  .e-heading2 {font-size: 28px;}
  .e-heading3 {font-size: 26px;}
  .e-heading4 {font-size: 20px;}
  .e-heading5 {font-size: 18px;}
  .e-heading6 {font-size: 16px;}
}
```

応用

応用として、見出しに装飾をつけたい場合はどのようにするのがよいでしょうか。

装飾ごとに `.e-heading2_xxx` と新しい見出しを作成していくのも良いですが、装飾がシンプルなものであれば次のようにユーティリティクラスをマルチクラスとして追加することにより複数の見出しパターンが実現できます。

また、`padding` の単位を `em` で記述することで見出しレベルが変わりフォントサイズが変更しても違和感のない装飾となります。

見出し大

見出し中

見出し小1

見出し小2

見出し小3

見出しの応用デザイン

HTML

```
<h2 class="e-heading2 is-heading-bg is-heading-color-white">見出し大</h2>
<h3 class="e-heading3 is-heading-stripe">見出し中</h3>
<h4 class="e-heading4 is-heading-bdt">見出し小1</h4>
<h5 class="e-heading5 is-heading-bdl is-heading-color">見出し小2</h5>
<h6 class="e-heading6 is-heading-bdb">見出し小3</h6>
```

CSS

```
.is-heading-bdt {
  padding-top: 0.2em;
  border-top: 2px solid #00BCD4;
}

.is-heading-bdl {
  padding-left: 0.3em;
  border-left: 5px solid #00BCD4;
}

.is-heading-bdb {
  padding-bottom: 0.2em;
  border-bottom: 2px solid #00BCD4;
}

.is-heading-bg {
  margin-bottom: 0.6em;
  padding: 0.2em 0.6em;
  background-color: #B2EBF2;
}

.is-heading-color {
  color: #00BCD4;
}

.is-heading-color-white {
  color: #FFFFFF;
```

↱ 次ページに続く

```
}

.is-heading-stripe {
  margin-bottom: 0.6em;
  padding: 0.2em 0.6em;
  background: repeating-linear-gradient(-45deg, #B2EBF2, #B2EBF2 3px, #fff 0, #fff 5px);
}

.is-heading-left {
  text-align: left;
}
.is-heading-center {
  text-align: center;
}
.is-heading-right {
  text-align: right;
}
```

4-7-3 リスト

完成デザイン

List

- 順序なしリスト

- 順序なしリスト順序なしリスト順序なしリスト順序なしリスト
- 順序なしリスト順序なしリスト順序なしリスト順序なしリスト
- 順序なしリスト順序なしリスト順序なしリスト順序なしリスト
- 順序なしリスト順序なしリスト順序なしリスト順序なしリスト

- 番号付きリスト

1. 番号付きリスト番号付きリスト番号付きリスト番号付きリスト
2. 番号付きリスト番号付きリスト番号付きリスト番号付きリスト
3. 番号付きリスト番号付きリスト番号付きリスト番号付きリスト
4. 番号付きリスト番号付きリスト番号付きリスト番号付きリスト

リストの完成デザイン

イメージコーディング

ul、ol要素を使用したシンプルなリストです。ulを見ると行頭アイコンはブラウザ標準のマークから変更されていますが、擬似要素を使用することで表現できそうです。

ol要素はそのままブラウザ標準の行頭アイコンを使用できそうです。

ここで事前に考えておくポイントは、擬似要素でアイコンを作ることを考えて作業できると良いでしょう。

実際のコーディング

次のようにコーディングしました。

まずはulから見ていきます。

ulの行頭アイコンをデザインと合わせるため標準の行頭アイコンを非表示にしました。

次にデザインと同じアイコンを作るためにliの::before擬似要素を使用してアイコンを作ります。

さらに、見出しの応用と同じく全体をemで指定することで文字サイズが変更しても違和感のない装飾となっています。

olは標準の行頭アイコンを使用していますのでマージンの調整のみとしています。

HTML

```
<ul class="e-list-disc">
  <li>順序なしリスト順序なしリスト順序なしリスト順序なしリスト</li>
  <li>順序なしリスト順序なしリスト順序なしリスト順序なしリスト</li>
  <li>順序なしリスト順序なしリスト順序なしリスト順序なしリスト</li>
  <li>順序なしリスト順序なしリスト順序なしリスト順序なしリスト</li>
</ul>

<ol class="e-list-decimal">
  <li>番号付きリスト番号付きリスト番号付きリスト番号付きリスト</li>
  <li>番号付きリスト番号付きリスト番号付きリスト番号付きリスト</li>
  <li>番号付きリスト番号付きリスト番号付きリスト番号付きリスト</li>
  <li>番号付きリスト番号付きリスト番号付きリスト番号付きリスト</li>
</ol>
```

CSS

```
/* disc
   ================================================================= */

.e-list-disc {
  list-style: none;
  margin-bottom: 20px;
}
@media only screen and (min-width: 767px) {
  .e-list-disc {
    margin-bottom: 30px;
  }
}

.e-list-disc li {
  position: relative;
  padding-left: 1.4em;
  margin-bottom: 0.6em;
}

.e-list-disc li::before {
  position: absolute;
  top: 0.6em;
  left: 0.3em;
  display: block;
  width: 0.5em;
  height: 0.5em;
  content: '';
  border-radius: 100%;
  background-color: #00BCD4;
}

.e-list-disc li ul,
.e-list-disc li ol {
  margin-bottom: 0;
}

/* decimal
   ================================================================= */

.e-list-decimal {
  margin-bottom: 20px;
  margin-left: 1.4em;
  list-style-type: decimal;
}
@media only screen and (min-width: 767px) {
  .e-list-decimal {
    margin-bottom: 30px;
  }
}

.e-list-decimal li {
  margin-bottom: .6em;
}

.e-list-decimal li ul,
.e-list-decimal li ol {
  margin-bottom: 0;
}
```

応用

```
> 矢印付きリスト矢印付きリスト矢印付きリスト
> 矢印付きリスト矢印付きリスト矢印付きリスト
> 矢印付きリスト矢印付きリスト矢印付きリスト
> 矢印付きリスト矢印付きリスト矢印付きリスト
```

リストの応用デザイン

応用として、リストのアイコンを変えたい場合はどのようにすると良いでしょうか。

今回は CSS を使って > を表現したいと思います。

`ul > li` までの指定は同じですが、擬似要素で透明の四角を作ります。そこにボータートップとライトを指定します。すると次のようになります。

```
⌐ 矢印付きリスト矢印付きリスト矢印付きリスト
⌐ 矢印付きリスト矢印付きリスト矢印付きリスト
⌐ 矢印付きリスト矢印付きリスト矢印付きリスト
⌐ 矢印付きリスト矢印付きリスト矢印付きリスト
```

回転を加える前の状態

ここで `transform: rotate(45deg);` を使用して 45 度傾けると > を作ることができます。

このように擬似要素を変更することでさまざまなアイコンに対応することが可能です。

この場合も文字サイズの変更を考えてなるべく **em** で指定するように心がけましょう。

HTML

```
<ul class="e-list-arrow">
  <li>どこへ越しても住みにくいと悟った時、詩が生れて、画ができる。</li>
  <li>どこへ越しても住みにくいと悟った時、詩が生れて、画ができる。</li>
  <li>どこへ越しても住みにくいと悟った時、詩が生れて、画ができる。</li>
  <li>どこへ越しても住みにくいと悟った時、詩が生れて、画ができる。</li>
</ul>
```

CSS

```
.e-list-arrow {
  margin-left: 0;
  list-style-type: none;
```

↳ 次ページに続く

```
}
.e-list-arrow li {
  position: relative;
  padding-left: 1.4em;
}

.e-list-arrow li::before {
  position: absolute;
  top: .7em;
  left: .3em;
  display: inline-block;
  width: .3em;
  height: .3em;
  content: '';
  transform: rotate(45deg);
  vertical-align: middle;
  border-style: solid;
  border-color: #000;
  border-top-width: .1em;
  border-right-width: .1em;
  border-bottom-width: 0;
  border-left-width: 0;
}
```


4-7-4 テーブル

完成デザイン

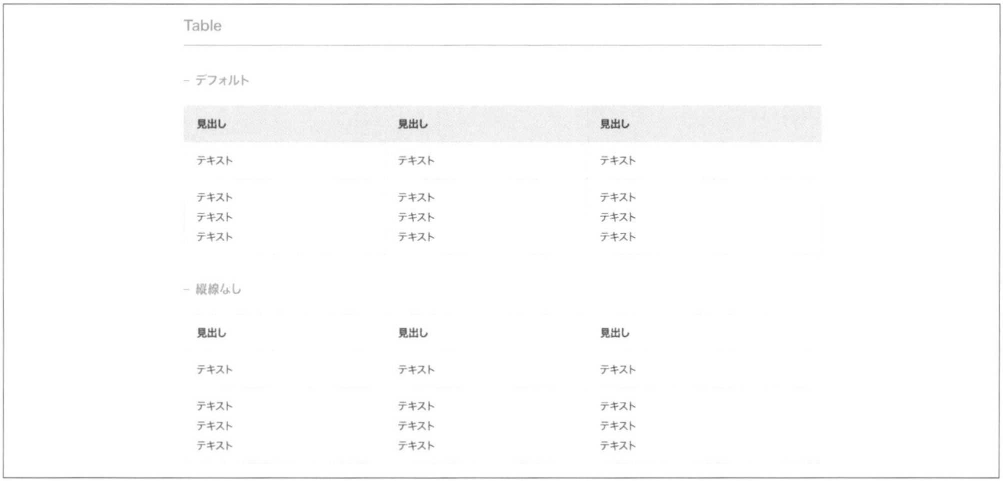

テーブルの完成デザイン

イメージコーディング

デザインを見ると、**th** 背景の有無と縦線の有無で違いがあるようです。

これはベースを元にマルチクラスを追加することで作成できそうです。

また、テーブルは **th** の幅など細かく調整したいケースがありますのでユーティリティクラスを準備しました。

実際のコーディング

HTML

```
<table class="e-table">
<tr>
  <th>見出し</th>
  <th>見出し</th>
  <th>見出し</th>
</tr>
<tr>
  <td>テキストが入ります</td>
  <td>テキストが入りますテキストが入りますテキストが入ります</td>
  <td>テキストが入ります</td>
</tr>
<tr>
  <td>テキストが入ります</td>
  <td>テキストが入りますテキストが入りますテキストが入ります</td>
  <td>テキストが入ります</td>
</tr>
</table>


<table class="e-table is-table-borderless">
<tr>
  <th class="is-cell-10p">見出し</th>
  <th>見出し</th>
  <th>見出し</th>
</tr>
<tr>
  <td>テキストが入ります</td>
  <td>テキストが入りますテキストが入りますテキストが入ります</td>
  <td>テキストが入ります</td>
</tr>
<tr>
  <td>テキストが入ります</td>
  <td>テキストが入りますテキストが入りますテキストが入ります</td>
  <td>テキストが入ります</td>
</tr>
</table>
```

CSS

```
/* table
 ========================================================================= */

.e-table {
  width: 100%;
  margin-bottom: 20px;
  border-spacing: 0;
  border-collapse: separate;
  border-top: 1px solid #DEDEDE;
  border-right: 1px solid #DEDEDE;
}


.e-table tr,
.e-table td,
.e-table th {
  text-align: left;
  vertical-align: top;
  word-break: break-all;
}

.e-table th {
  width: 30%;
  padding: 10px;
  vertical-align: top;
  border-bottom: 1px solid #DEDEDE;
  border-left: 1px solid #DEDEDE;
  background-color: #B2EBF2;
}

.e-table td {
  padding: 10px;
  border-bottom: 1px solid #DEDEDE;
  border-left: 1px solid #DEDEDE;
  background-color: #FFFFFF;
}


.e-table caption {
  margin-bottom: 10px;
  color: rgba(0, 0, 0, 0.6);
}


@media only screen and (min-width: 767px) {
.e-table {
  margin-bottom: 30px;
}
.e-table th {
  width: 20%;
  padding: 11px 16px;
}

.e-table td {
  padding: 11px 16px;
}
}
```

⬎ 次ページに続く

```css
/*  borderless
 ==================================================================== */

.is-table-borderless {
  border-right: 0;
}
.is-table-borderless th {
  border-left: 0;
  background: transparent;
}
.is-table-borderless td {
  border-left: 0;
}


/* tool
 ==================================================================== */

.is-layout-fixed {
  table-layout: fixed;
}

.e-table th.is-cell-center,
.e-table td.is-cell-center {
  text-align: center;
}

.e-table th,
.e-table td {
  &.is-cell-1em { width: 1em; }
  &.is-cell-10p { width: 10%; }
  &.is-cell-15p { width: 15%; }
  &.is-cell-20p { width: 20%; }
  &.is-cell-25p { width: 25%; }
  &.is-cell-30p { width: 30%; }
  &.is-cell-50p { width: 50%; }
}
```

応用

```
 - SP時スクロール

  見出し            テキスト

  見出し            テキスト

  見出し            テキスト
                    テキスト
                    テキスト
```

スマートフォンなど小さいブラウザサイズの時にスクロールできるようにする

応用として、スマートフォンなど小さなブラウザサイズの時に、メディアクエリを使ってスクロールさせる場合どのようにするとよいでしょうか。

スクロールしたい **table** タグを **div** タグで囲み、**overflow: auto;** にします。

table タグの要素に **white-space: nowrap;** を指定して文字の折り返しを禁止することで水平スクロールできるようにします。

それを次のようにメディアクエリを指定することで小さいブラウザサイズの場合にのみ適用することが可能です。

また擬似要素を使ってスライドできることを表すテキストを表示しています。

```
@media only screen and (max-width: 767px) {

  /* SPサイズ（小さいサイズ）の記述 */

}
```

HTML

```
<div class="is-responsive-table">
<table class="e-table">
  <tr>
    <th class="is-cell-10p">タイトル10%</th>
    <th class="is-cell-15p">タイトル15%</th>
    <th class="is-cell-20p">タイトル20%</th>
    <th>タイトル</th>
    <th>タイトル</th>
    <th>タイトル</th>
  </tr>
  <tr>
    <td>テキストテキスト</td>
    <td>テキストテキスト</td>
    <td>テキストテキスト</td>
    <td>テキストテキスト</td>
    <td>テキストテキスト</td>
    <td>テキストテキスト</td>
  </tr>
  <tr>
    <td>テキスト</td>
    <td>テキスト</td>
    <td>テキスト</td>
    <td>テキストテキストテキストテキストテキストテキストテキストテキストテキストテキスト</td>
    <td>
      <div class="is-responsive-item-width-30vw">
        テキストテキストテキストテキストテキストテキストテキストテキストテキスト30vw
      </div>
    </td>
    <td>
      <div class="is-responsive-item-width-50vw">
        テキストテキストテキストテキストテキストテキストテキストテキストテキスト50vw
      </div>
    </td>
  </tr>
</table>
</div>
```

4

CSS

```
/*  scroll
 ======================================================================= */

/* spのみ */
@media only screen and (max-width: 767px) {
.is-responsive-table {
  overflow-x: scroll;
  width: 100%;
  padding-top: 2.5em;
  -webkit-overflow-scrolling: touch;
}

.is-responsive-table::before {
  font-size: 0.8em;
  position: absolute;
  right: 0;
  left: 0;
  display: block;
  margin-top: -2.5em;
  padding: 0.5em 0;
  content: ' ←  この表は左右にスライドできます  →';
  text-align: center;
  white-space: nowrap;
}

.is-responsive-table::-webkit-scrollbar {
  height: 3px;
}

.is-responsive-table::-webkit-scrollbar-track {
  background: #D4D4D4;
}

.is-responsive-table::-webkit-scrollbar-thumb {
  background: #333333;
}

.is-responsive-table table {
  width: auto;
  min-width: 100%;
}

.is-responsive-table th,
.is-responsive-table td {
  white-space: nowrap;
}
```

4-7-5　本文

完成デザイン

Paragraph

– デフォルト

テキストが入ります。テキストが入ります。テキストが入ります。テキストが入ります。テキストが入ります。テキストが入ります。テキストが入ります。テキストが入ります。テキストが入ります。テキストが入ります。

テキストが入ります。テキストが入ります。テキストが入ります。テキストが入ります。テキストが入ります。

– 小

テキストが入ります。テキストが入ります。テキストが入ります。テキストが入ります。テキストが入ります。テキストが入ります。テキストが入ります。テキストが入ります。テキストが入ります。テキストが入ります。

テキストが入ります。テキストが入ります。テキストが入ります。テキストが入ります。テキストが入ります。

本文の完成デザイン

イメージコーディング

詳細ページ本文でフォントサイズや行間が違う場合がありますので注意が必要です。

ベースで設定したフォントサイズと同じようなので共通マージンを設定します。

小さいサイズはユーティリティクラスを作ってもよいですが、今回は **e-text** と **e-text-small** の2つのクラスを作成することにします。

実際のコーディング

HTML

```
<p class="e-text">テキストが入りますテキストが入りますテキストが入ります。テキストが入りますテキストが入りますテキストが入ります。
テキストが入りますテキストが入りますテキストが入ります。</p>
<p class="e-text">テキストが入りますテキストが入りますテキストが入ります。テキストが入りますテキストが入りますテキストが入ります。
</p>
<p class="e-text-small">テキストが入りますテキストが入りますテキストが入ります。テキストが入りますテキストが入りますテキストが
入ります。</p>
```

CSS

```
.e-text,
.e-text-small {
  margin-bottom: 10px;
}
.e-text-small {
  color: rgba(0, 0 ,0, 0.6);
  font-size: 12px;
}


@media only screen and (min-width: 767px) {
  .e-text,
  .e-text-small {
    margin-bottom: 15px;
  }
}
```

応用

左揃えの文字です
左揃えの強調(太字)のスタイルです
左揃えの強調(赤字)のスタイルです
左揃えのハイライトのスタイルです

中央揃えの文字です
中央揃えの強調(太字)のスタイルです
中央揃えの強調(赤字)のスタイルです
中央揃えのハイライトのスタイルです

右揃えの文字です
右揃えの強調(太字)のスタイルです
右揃えの強調(赤字)のスタイルです
右揃えのハイライトのスタイルです

本文の応用デザイン

応用として、テキストに装飾をつけたい場合はどのようにするのがよいでしょうか。見出しと
類似しますがユーティリティクラスをマルチクラスに追加して対応します。

HTML

```
<p class="e-text">左揃えの文字です<br>
  <span class="is-text-bold">左揃えの強調（太字）のスタイルです</span><br>
  <span class="is-text-point">左揃えの強調（赤字）のスタイルです</span><br>
  <span class="is-text-highlight">左揃えのハイライトのスタイルです</span>
</p>

<p class="e-text is-text-center">中央揃えの文字です<br>
  <span class="is-text-bold">中央揃えの強調（太字）のスタイルです</span><br>
  <span class="is-text-point">中央揃えの強調（赤字）のスタイルです</span><br>
  <span class="is-text-highlight">中央揃えのハイライトのスタイルです</span>
</p>

<p class="e-text is-text-right">右揃えの文字です<br>
  <span class="is-text-bold">右揃えの強調（太字）のスタイルです</span><br>
  <span class="is-text-point">右揃えの強調（赤字）のスタイルです</span><br>
  <span class="is-text-highlight">右揃えのハイライトのスタイルです</span>
</p>
```

CSS

```
.is-text-bold {font-weight: bold;}
.is-text-left {text-align: left;}
.is-text-right {text-align: right;}
.is-text-center {text-align: center;}

.is-text-highlight {
  display: inline;
  padding-right: 0.3em;
  padding-bottom: 0.1em;
  background: linear-gradient(transparent 50%, #FFFFA6 50%, #FFFFA6 100%);
}
```

4-7-6　ボタン

完成デザイン

Button

- 大

テキスト

- 中

テキスト

- 小

テキスト

ボタンの完成デザイン

イメージコーディング

ボタンは **a** 要素と **button** 要素で使用されることを想定して装飾をつけるようにします。
大中小のサイズとパターンがあるデザインとなっているようです。
真ん中のサイズをデフォルトとして小さいものを **.is-button-sm**、大きいものを **.is-button-lg** としてユーティリティクラスを追加したいと思います。

実際のコーディング

HTML

```
<div class="e-button is-button-lg"><button type="button">テキスト</button></div>
<div class="e-button"><button type="button">テキスト</button></div>
<div class="e-button is-button-sm"><button type="button">テキスト</button></div>
```

CSS

```
.e-button {
  margin-bottom: 20px;
}

@media only screen and (min-width: 767px) {
  .e-button {
    margin-bottom: 30px;
  }
}

.e-button a,
.e-button button {
  display: inline-block;
  box-sizing: border-box;
  min-width: 122px;
  padding: 0.70em 1.2em;
  cursor: pointer;
  user-select: none;
  transition: all 150ms ease;
  text-align: center;
  vertical-align: middle;
  text-decoration: none;
  text-decoration: inherit;
  color: #212121;
  border: 1px solid #DEDEDE;
  border-radius: 4px;
  background-color: #FFFFFF;
  appearance: none;
}

.e-button a:hover,
.e-button button:focus,
.e-button a:focus,
.e-button button:focus {
  opacity: 0.6;
}

.e-button a:disabled,
.e-button button:disabled {
  cursor: not-allowed;
  color: #666666;
  border: 1px solid #DEDEDE;
  background-color: #EEEEEE;
}

/* size
 ===================================================================== */

.is-button-sm {
  min-width: 80px;
}

.is-button-sm a,
.is-button-sm button {
```

⤷ 次ページに続く

```
  font-size: 0.75em;
  min-width: 80px;
  padding: (0.85em * 0.5) (1.2em * 0.55);
}


.is-button-lg a,
.is-button-lg button {
  font-size: 1.15em;
  font-weight: bold;
  width: 100%;
  padding: (0.85em * 1.1) (1.2em);
}

@media only screen and (min-width: 767px) {
  .is-button-lg a,
  .is-button-lg button {
    width: auto;
    min-width: 266px;
  }
}
```

応用

ボタンの応用デザイン

応用として、色違い、無効状態、位置などバリエーション違いのボタンを作成したい場合はど
のようにするのがよいでしょうか。こちらもユーティリティクラスをマルチクラスに追加して
対応します。

HTML

```
<div class="e-button is-button-disabled"><button type="button">テキスト</button></div>

<div class="e-button is-button-accent is-button-lg"><button type="button">テキスト</button></div>
<div class="e-button is-button-primary is-button-lg is-button-center"><button type="button">
テキスト</button></div>
<div class="e-button is-button-lg is-button-right"><button type="button">テキスト</button></
div>
```

CSS

```
/* type
   ===================================================================== */

.is-button-primary a,
.is-button-primary button {
  color: #FFFFFF;
  border-color: #00BCD4;
  background-color: #00BCD4;
}

.is-button-accent a,
.is-button-accent button {
  color: #fff;
  border-color: #FF9800;
  background-color: #FF9800;
}

.is-button-disabled a,
.is-button-disabled button {
  cursor: not-allowed;
  color: #666666;
  border: 1px solid #DEDEDE;
  background-color: #EEEEEE;
}


/* position
   ===================================================================== */

.is-button-left a,
.is-button-left button {
  text-align: left;
}

.is-button-right {
  text-align: right;
}
.is-button-center {
  text-align: center;
}
```

以上でエレメントの作成が完了しました。コードを載せることができなかった箇所もあります
ので詳しくはサンプルデータをご参照ください。
ここで作成したものはスタイルガイドにまとめておくようにしましょう。

4-7-7　Q&A

完成デザイン

Q&A

Q タイトル

A ダミーテキストダミーテキストダミーテキストダミーテキストダミーテキストダミーテキストダミーテキス
トダミーテキストダミーテキストダミーテキストダミーテキストダミーテキストダミーテキスト

Q タイトル

A ダミーテキストダミーテキストダミーテキストダミーテキストダミーテキストダミーテキストダミーテキス
トダミーテキストダミーテキストダミーテキストダミーテキストダミーテキストダミーテキスト

Q&A の完成デザイン

イメージコーディング

デザインを見るとよくある質問などで使われる Q&A のリストのようです。

このようなケースでは、Q と A の文字は頻繁に変わらない文字となりそうですのでこの文字
は擬似要素で作成したいと思います。また、Q&A のリストの特性上、連続して複数個使用さ
れることが予想できます。複数設置しても問題ないような作りを心がけましょう。

事前に考えておくポイントは、見出しにアイコンのような装飾が付く場合は、複数行になった
ときどのような位置に持ってくるかをイメージしておくと良いでしょう。

Q タイトルタイトルタイトルタイトルタイトルタイトルタイトルタイトルタイトルタイトルタイトルタイトル
タイトルタイトルタイトルタイトルタイトルタイトルタイトルタイトルタイトルタイトルタイトルタイトル
タイトルタイトル

A ダミーテキストダミーテキストダミーテキストダミーテキストダミーテキストダミーテキストダミーテキス
トダミーテキストダミーテキストダミーテキストダミーテキストダミーテキストダミーテキスト

タイトルが複数行になった場合「Q」の位置が中央になっている例

実際のコーディング

Q と A は擬似要素で作成しました。

.e-faq_title と **.e-faq_body** の値は共通の値が多いためまとめて指定しています。

また、複数行になった場合でも Q、A の文字は上の位置に固定していてほしいため **position** を使うことで細かく指定することができます。

```
.e-faq_title::before,
.e-faq_body::before {
  position: absolute;
  top: 0;
  left: 0;
}
```

> **Q** タイトルタイトルタイトルタイトルタイトルタイトルタイトルタイトルタイトルタイトルタイトル
> タイトルタイトルタイトルタイトルタイトルタイトルタイトルタイトルタイトルタイトルタイトル
> タイトルタイトル
>
> **A** ダミーテキストダミーテキストダミーテキストダミーテキストダミーテキストダミーテキストダミーテキス
> トダミーテキストダミーテキストダミーテキストダミーテキストダミーテキストダミーテキスト

タイトルが複数行になった場合、Qの位置が上部になっている例

HTML

```
<div class="e-faq">
  <h3 class="e-faq_title">タイトル</h3>
  <div class="e-faq_body">
    <p>テキストテキストテキストテキストテキストテキストテキスト<br>
    テキストテキストテキストテキストテキストテキストテキストテキストテキスト</p>
  </div>
</div>
```

CSS

```
.e-faq {
  margin-bottom: 20px;
  border-bottom: 1px solid #dedede;
}

@media only screen and (min-width: 767px) {
  .e-faq {
    margin-bottom: 30px;
  }
}
```

次ページに続く

```
.e-faq_title,
.e-faq_body {
  padding-left: 2.1rem;
  position: relative;
}
.e-faq_title::before,
.e-faq_body::before {
  font-family: "Helvetica Neue", Arial, -apple-system, BlinkMacSystemFont, sans-serif;
  font-size: 2rem;
  font-weight: bold;
  line-height: 1;
  position: absolute;
  top: 0;
  left: 0;
  display: inline-block;
}

@media only screen and (min-width: 767px) {
  .e-faq_title,
  .e-faq_body {
    padding-left: 2.6rem;
  }
  .e-faq_title::before,
  .e-faq_body::before {
    font-size: 2.5rem;
  }
}

.e-faq_title {
  font-size: 16px;
  margin-bottom: 8px;
  padding-top: .5rem;
  font-weight: bold;
}
.e-faq_title::before {
  content: 'Q';
  color: #477CCB;
}

.e-faq_body {
  margin-bottom: 16px;
}

.e-faq_body::before {
  content: 'A';
  color: #FD95A1;
}
```

応用

Q **タイトル**

A ダミーテキストダミーテキストダミーテキストダミーテキストダミーテキストダミーテキストダミーテキストダミーテキス
トダミーテキストダミーテキストダミーテキストダミーテキストダミーテキストダミーテキストダミーテキスト

Q&A の応用デザイン

応用として、**Q**、**A** の文字の背景に色を付けアイコンのようにしたい場合はどうすると良いでしょうか。

擬似要素に背景色を追加して、**border-radius** を使い正円を作るようにしました。

また、**line-height** と **height** を同じ値にすることで背景の縦中央へ配置するようにしています。なぜ **border-radius:50%** で正円が作られるのかですが、**border-radius** の **%** 値はボックスの幅と高さに対するものです。このため 50% 以上を指定すると円になります。

仮に次のように 1 方向のみ 50% を指定してみましょう。すると左上のみ円となりました。このような形で 4 方向に 50% を一括指定しているというわけです。

```
border-radius: 50% 0 0 0;
```

> **Q** タイトル
>
> **A** ダミーテキストダミーテキストダミーテキストダミーテキストダミーテキストダミーテキストダミーテキストダミーテキストダミーテキストダミーテキストダミーテキストダミーテキストダミーテキストダミーテキストダミーテキストダミーテキスト

左上のみ 50%を指定した例

```css
.e-faq_title:before,
.e-faq_body:before {
  font-size: 1rem;
  line-height: 2rem;
  position: absolute;
  display: inline-block;
  box-sizing: border-box;
  width: 2rem;
  height: 2rem;
  text-align: center;
  color: #fff;
  border-radius: 50%;
}

.e-faq_title:before {
  content: 'Q';
  background-color: #477ccb;
}

.e-faq_body:before {
  content: 'A';
  background-color: #fd95a1;
}
```

CSSの変更箇所のみ抜粋

4-7-8 画像

完成デザイン

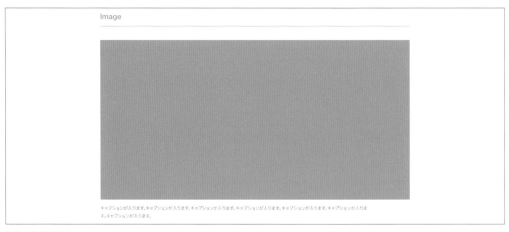

画像の完成デザイン

イメージコーディング

画像とキャプションのデザインのようです。

特に大きな問題はなくコーディングできそうです。

事前に考えておくポイントは、利用できそうな幅を用意し

たクラスを準備しておくと使い勝手があり良いでしょう。

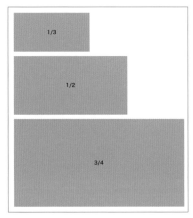

複数の幅のクラスを準備する

実際のコーディング

次のようにコーディングしました。

また、画像サイズのクラスはスマートフォンでは 1 列の 100% 表示になることを想定し、PC サイズのみ適用されるようにしています。

この辺りは状況によって使い分けるのが良いでしょう。

HTML

```html
<figure class="e-img">
  <a href="">
   <img src="/assets/img/dummy/dummy.png" alt="" title="" width="100%" >
  </a>
  <figcaption class="e-img_caption">キャプション</figcaption>
</figure>

<figure class="e-img is-img-33p">
  <a href="">
   <img src="/assets/img/dummy/dummy.png" alt="" title="" width="100%" >
  </a>
  <figcaption class="e-img_caption">キャプション</figcaption>
</figure>
```

CSS

```css
/* @ 画像
 * -------------------------------------------------------- */

.e-img {
  margin-right: auto;
  margin-bottom: 20px;
  margin-left: auto;
  text-align: center;
}

.e-img img {
    height: auto;
    width: 100%;
    aspect-ratio: attr(width) / attr(height);
}

.e-img a {
  display: block;
  transition: opacity 150ms ease;
}

.e-img a:hover {
  opacity: .6;
}
```

↵ 次ページに続く

```
.e-img_caption {
  margin-top: .5em;
}


@media only screen and (min-width: 767px) {
  .e-img {
    text-align: left;
  }

  .is-img-25p {
   width: 25%;
  }

  .is-img-33p {
   width: 33.33%;
  }

  .is-img-50p {
   width: 50%;
  }

  .is-img-75p {
   width: 75%;
  }

  .is-img-100p {
   width: 100%;
  }
}
```

応用

画像の応用デザイン

応用として、画像の回り込みをしたい場合どのようにするとよいでしょうか。

画像の回り込みは **float** を使用します。

横並びのレイアウトは **flexbox** や **grid** などありますが、画像の回り込みは **float** を使用すると良いでしょう。

回り込みも、画像サイズ同様に PC サイズのみ適用されるようにしています。

float - CSS: カスケーディングスタイルシート｜MDN（https://developer.mozilla.org/ja/docs/Web/CSS/float）

HTML

```html
<figure class="e-img is-img-left is-img-33p">
  <a href="">
   <img src="/assets/img/dummy/media.png" alt="" title="" width="100%" >
  </a>
</figure>

<p class="e-text">ダミーテキストダミーテキストダミーテキスト...</p>
<p class="e-text">ダミーテキストダミーテキストダミーテキスト...</p>
<p class="e-text">ダミーテキストダミーテキストダミーテキスト...</p>
```

CSS

```css
/* 画像位置 */
@media only screen and (min-width: 767px) {

  .is-img-left {
  float: left;
  margin-right: 1rem;
  }

  .is-img-right {
  float: right;
  margin-left: 1rem;
  }
}
```

コンポーネントを作成する

4-8-1 一覧ページを構成する要素

前節でエレメントが完成しましたので、次にコンポーネントを作成していきます。

エレメントで最小の情報のかたまりを定義しましたが、コンポーネントではいくつかの要素が集合したものを定義していきます。

一覧ページで使用するものと考えると分類しやすいかもしれません。

ここでは components の頭文字である c- の接頭辞の付いたクラスが該当します。

- パンくずリスト
- ヘッドライン
- ページャー
- カード

4-8-2 パンくずリスト

完成デザイン

ホーム　一覧(カード)

パンくずリストの完成デザイン

イメージコーディング

デザインを見るとリンクの間を > で区切る形でシンプルに構成されています。> はリストで登場した方法と同じく `span::before` を利用して CSS で作成できそうです。また、パンくずリストで気をつけるポイントとしてはスマートフォンなど、画面サイズが小さくなった場合の改行の扱いです。

ここでは 3 パターンを想定してみました。

- そのまま改行して表示させる
- 改行させずはみ出した文字はトリミングして表示させる
- 改行させずはみ出した文字はスクロールさせて表示させる

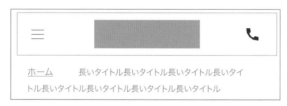

長い文字は折り返して表示されている

折り返しはせず、表示領域を超えた場合は切り取られる

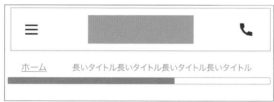

折り返しはせず、表示領域を超えた場合はスクロールする

このように状況やデザインによって選択するパターンは変わりますがどのようにコーディングできるか想定をしておくとよいでしょう。

今回は画面からはみ出た場合トリミングするとします。

実際のコーディング

次のように **div** と **span** を使用してコーディングしました。

トリミングして表示させる箇所は 外枠である **.c-breadcrumb_inner** に対して **overflow** と **white-space** を指定して要素の内容の表示と折り返しを制御します。

さらに **text-overflow** を使用して非表示のあふれた内容をどのよう表示するかを設定します。ここでは省略記号 …（**ellipsis**）を指定しています。**>** の箇所は **span** の擬似要素に対してボーダートップとライトを指定し 45 度傾けることで表現しています。

HTML

```
<div class="c-breadcrumb" role="navigation" aria-label="現在地表示">
  <div class="c-breadcrumb_inner">
    <span><a href="/">ホーム</a></span>
    <span><a href="/category/">カテゴリー</a></span>
    <span>ページタイトル</span>
  </div>
</div>
```

CSS

```
.c-breadcrumb {
  padding: 0 16px;
  border-bottom: 1px solid #DEDEDE;
}

.c-breadcrumb_inner {
  font-size: 12px;
  max-width: 1192px;
  margin: 13px auto 13px auto;

  /* 画面幅以上の場合は「...」 */
  overflow: hidden;
  text-overflow: ellipsis;
  white-space: nowrap;
}


.c-breadcrumb_inner i {
  font-size: 1.125rem;
  margin-right: -0.3em;
  vertical-align: middle;
  color: #757575;
}

.c-breadcrumb_inner a {
  text-decoration: none;
  color: #007EEB;
}
```

↳ 次ページに続く

```
.c-breadcrumb_inner a:hover {
  text-decoration: underline;
}

.c-breadcrumb_inner span::before {
  display: inline-block;
  width: 4px;
  height: 4px;
  margin-right: 10px;
  margin-left: 4px;
  content: '';
  transform: rotate(45deg);
  vertical-align: middle;
  border-style: solid;
  border-color: #DEDEDE;
  border-top-width: 1px;
  border-right-width: 1px;
  border-bottom-width: 0;
  border-left-width: 0;
}

.c-breadcrumb_inner span:first-child::before {
  display: none;
}
```


応用

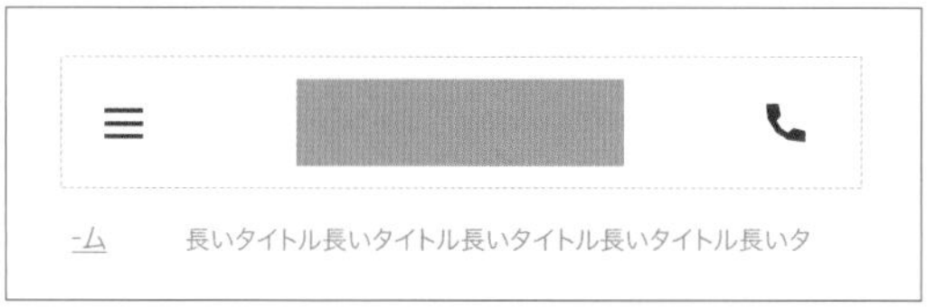
-ム
長いタイトル長いタイトル長いタイトル長いタイトル長いタ
パンくずリストの応用デザイン、スクロールしている例

では応用として、表示がはみ出た部分をスクロールさせるにはどのようにするとよいでしょうか。スクロールして表示させる場合も同様に外枠である **.c-breadcrumb_inner** に対して **overflow** と **white-space** を指定して要素の内容の表示と折り返しを制御します。
変更点として **overflow-x: scroll** を指定します。また、このままではデザインでは意図していない形でスクロールバーが表示されてしまうので、各ブラウザに対してスクロールバーを非表示にする指定をしています。

ホーム
長いタイトル長いタイトル長いタイトル長いタイトル長いタイトル長いタイトル長いタイトル長いタイトル長いタイトル長いタイトル長タ
画面サイズによっては意図しないスクロールバーが発生している

ブラウザチェックのポイントでもありましたがこのように予期せぬスクロールバーを発見する
ためにもスクロールバーを常に表示する設定にしておくとよいでしょう。

HTML

```html
<div class="c-breadcrumb" role="navigation" aria-label="現在地表示">
<div class="c-breadcrumb_inner">
  <span><a href="/">ホーム</a></span>
  <span><a href="/category/">カテゴリー</a></span>
  <span>ページタイトル</span>
</div>
</div>
```

CSS

```css
.c-breadcrumb_inner {
  font-size: 12px;

  /* 画面幅以上の場合はスクロール*/
  overflow-y: scroll;
  white-space: nowrap;
  -ms-overflow-style: none;
  scrollbar-width: none;

}
.c-breadcrumb_inner::-webkit-scrollbar {
  /* 画面幅以上の場合はスクロール*/
  display: none;
}
```

4-8-3 ヘッドライン

完成デザイン

2021年01月01日　**ニュースタイトルが入りますニュースタイトルが入ります。**
2021年01月01日　**ニュースタイトルが入りますニュースタイトルが入ります。**
2021年01月01日　**ニュースタイトルが入りますニュースタイトルが入ります。**
2021年01月01日　**ニュースタイトルが入りますニュースタイトルが入ります。**

ヘッドラインの完成デザイン

イメージコーディング

デザインを確認すると日付と見出しテキストを使いリストのように表示されているようです。よく見かけるパターンとなりそうです。このパターンの場合気をつけるポイントとして挙げられるのは a タグのリンクエリアでしょう。

見出しテキストのみをリンクエリアにしたいのか、リストのパディングを含めリンクエリアとしたいのかでコーディングが変わってきます。

実際のコーディング

ul を使用してコーディングしました。

.c-headline_item に display: flex を使用して日付と見出しの横並びにしました。

しかし、このままではスマートフォンなど画面幅が小さい場合に閲覧しづらくなってしまいます。

2021年01月01日	ニュースタイトルが入ります。ニュースタイトルが入ります。ニュースタイトルが入ります。
2021年01月01日	ニュースタイトルが入ります。ニュースタイトルが入ります。ニュースタイトルが入ります。
2021年01月01日	ニュースタイトルが入ります。ニュースタイトルが入ります。ニュースタイトルが入ります。

小さい画面の場合、詰まって見づらくなっている

また、リンクは見出しのみに付けたいので .c-headline_title の内側に記述しています。

HTML

```html
<ul class="e-headline">
  <li class="e-headline_item">
    <time class="e-headline_date" datetime="2021-01-01">2021年01月01日</time>
    <p class="e-headline_title"><a href="">ニュースタイトルが入りますニュースタイトルが入ります。ニュースタイトルが入
りますニュースタイトルが入ります。
      <i class="material-icons is-headline-new">fiber_new</i></a></p>
  </li>
  <li class="e-headline_item">
    <time class="e-headline_date" datetime="2021-01-01">2021年01月01日</time>
    <p class="e-headline_title"><a href="">ニュースタイトルが入りますニュースタイトルが入ります。ニュースタイトルが入
りますニュースタイトルが入ります。</a></p>
  </li>
  <li class="e-headline_item">
    <time class="e-headline_date" datetime="2021-01-01">2021年01月01日</time>
    <p class="e-headline_title"><a href="">ニュースタイトルが入りますニュースタイトルが入ります。ニュースタイトルが入
りますニュースタイトルが入ります。</a></p>
  </li>
</ul>
```

CSS

```css
.e-headline {
  margin-bottom: 20px;
  border-top: 1px solid  #DEDEDE;
}

.e-headline_item {
  line-height: 1.6;
  display: block;
  padding: 15px 14px 16px 14px;
  border-bottom: 1px solid  #DEDEDE;
}

.e-headline_item a {
  text-decoration: none;
  color: #212121;
}

.e-headline_item a:hover {
  text-decoration: underline;
}

.e-headline_date {
  font-size: 12px;
  font-weight: normal;
  margin: .1em 2em .1em 0;
  white-space: nowrap;
  color: rgba(0, 0, 0, 0.6);
}

.e-headline_title {
  font-size: 14px;
  font-weight: bold;
  margin-top: 0.4em;
}
```

⤵ 次ページに続く

```
@media only screen and (min-width: 767px) {
  .e-headline {
    margin-bottom: 30px;
  }
  .e-headline_item {
    display: flex;
    padding: 21px 16px 21px 16px;
    flex-flow: row nowrap;
    justify-content: flex-start;
    align-items: center;
  }
  .e-headline_title {
    margin-top: 0;
  }
}
```

応用

ヘッドラインの応用デザイン、リンクの領域が広がっている例

パディングを含めリンクエリアにしたい場合はどのようにすると良いでしょうか。

ここで現在の **a** タグのリンクエリアの領域を確認してみます。

このようにテキストの箇所リンクエリアになっていることがわかります。

ヘッドラインのリンクの領域がテキスト

まずは、HTML の **a** タグの位置をテキスト全体を挟むように修正してみましょう。

具体的には **.c-headline_title** の内側にあった **a** タグを **.c-headline_item** の内側へ変更します。

HTML

```
<li class="c-headline_item">
   <time class="c-headline_date" datetime="2021-01-01">2021年01月01日</time>
   <p class="c-headline_title"><a href="">ニュースタイトルが入りますニュースタイトルが入ります。</a></p>
</li>
```

```
<!-- a タグの位置を変更する -->
<li class="c-headline_item">
   <a href="">
       <time class="c-headline_date" datetime="2021-01-01">2021年01月01日</time>
       <p class="c-headline_title">ニュースタイトルが入りますニュースタイトルが入ります。</p>
   </a>
</li>
```

すると次のようになりました。

問題はないようにも見えますが、これでは意図したデザインとは違う表示になっているようです。

2021年01月01日
ニュースタイトルが入りますニュースタイトルが入ります。

2021年01月01日
ニュースタイトルが入りますニュースタイトルが入ります。

2021年01月01日
ニュースタイトルが入りますニュースタイトルが入ります。

2021年01月01日
ニュースタイトルが入りますニュースタイトルが入ります。

日付箇所で折り返しが発生してデザインと違う状態になっている

これは **display: flex;** などの指定が **.c-headline_item** に効いているために起こる表示の崩れです。

.c-headline_item で指定していた値を **a** タグに移動させます。これでデザインの表示を再現することができました。

CSS

```
.c-headline_item {
  line-height: 1.6;
  padding: 15px 14px 16px 14px;
  border-bottom: 1px solid variables.$dividers;
}

.c-headline_item a {
  text-decoration: none;
  color: variables.$primary-text;
}

@media only screen and (min-width: variables.$landscape) {
  .c-headline_item a {
    display: flex;
    padding: 21px 16px 21px 16px;
    flex-flow: row nowrap;
    justify-content: flex-start;
    align-items: center;
  }
}
```

```
.c-headline_item {
  line-height: 1.6;
  /* padding: 15px 14px 16px 14px;  削除 */
  border-bottom: 1px solid variables.$dividers;
}

.c-headline_item a {
    text-decoration: none;
    color: variables.$primary-text;
    padding: 15px 14px 16px 14px; /* 追加 */
    display: block; /* 追加 */
}

@media only screen and (min-width: variables.$landscape) {
  /* 指定をaタグに変更 */
  .c-headline_item a {
    display: flex;
    padding: 21px 16px 21px 16px;
    flex-flow: row nowrap;
    justify-content: flex-start;
    align-items: center;
  }
}
```

日付箇所も下線が付いている

最後に、マウスオーバー時に日時を含めて下線が表示されてしまいます。

今回は、下線を見出しテキストのみとしたいため次のように指定します。

```
.c-headline_item a:hover {
  text-decoration: underline;
}
```

```
.c-headline_item a:hover .c-headline_title {
  text-decoration: underline;
}
```

日付箇所も下線が付いている

4-8-4 ページャー

完成デザイン

100件中　11 - 20件表示

‹　　1　2　3　4　5　…　10　›

ページャーの完成デザイン

イメージコーディング

左右に矢印とページ数が 5 つまで表示されておりそれ以上は省略されて最後のページ数の 10 が表示されています。

横並びは `display:flex` を使用すると良さそうです。

前後のページリンクに矢印があります。今までのように CSS の擬似要素を使って作成しても良いですが、今回は Google のマテリアルアイコンを使用したいと思います。

気をつけるポイントとしてはページ数が増えた場合の処理です。仮に縦横を 30px で固定して作成するとデザインの 2 桁までは問題ないですが、2 桁、3 桁と増えた場合崩れてしまいます。ですので多くなった場合の配慮が必要です。

ページ数が多い場合に、はみ出している状態

実際のコーディング

HTML は次のように作成しました。

HTML
```
<div class="c-pagenavi">
  <p class="c-pagenavi_title">100件中  11 - 20件表示</p>
  <div class="c-pagenavi_body">
   <a class="c-pagenavi_prev" rel="prev" href=""><span class="material-icons">chevron_left
</span></a>
   <span class="is-pagenavi_current">1</span>
   <a class="c-pagenavi_item" href="">2</a>
   <a class="c-pagenavi_item" href="">3</a>
   <a class="c-pagenavi_item" href="">4</a>
   <span class="c-pagenavi_extend">...</span>
   <a class="c-pagenavi_item" href="">10</a>
   <a class="c-pagenavi_next" rel="next" href=""><span class="material-icons">chevron_
right</span></a>
  </div>
</div>
```

CSS では、肝心の横並びは **display:flex** を使用しました。

横幅は最小幅を **30px** に設定しています。これにより 3、4 桁と増えた場合も崩れる心配があ
りません。

CSS
```
.c-pagenavi_body {
  display: flex;
  flex-flow: row wrap;
  justify-content: center;
}

.c-pagenavi_next {
  line-height: 28px;
  display: block;
  min-width: 30px;
  height: 30px;
  margin-right: -1px;
  border: 1px solid variables.$dividers;
  background-color: #fff;
}
```

最小幅を設定した例、ページ数が 3 桁、4 桁と増えた場合も崩れない

次に矢印のアイコンです。最初にマテリアルアイコンを読み込む準備をします。
マテリアルアイコンの使用方法としては GoogleWebFonts から読み込むか、ダウンロードし
てサイトに設置するかどちらかの方法となります。

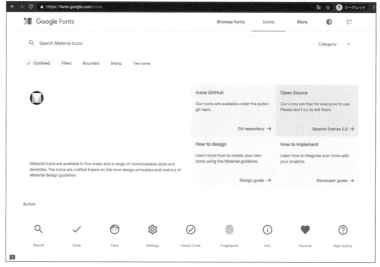

material icons

Material icons（https://fonts.google.com/icons）
Material Icons Guide（https://developers.google.com/fonts/docs/material_icons）

GoogleWebFonts から読み込む

次のリンクを **head** タグ内に記述することで使用可能です。

```
<link href="https://fonts.googleapis.com/icon?family=Material+Icons" rel="stylesheet">
```

ダウンロードしてサイトに設置する

Icon font for the web（https://developers.google.com/fonts/docs/material_
icons#icon_font_for_the_web）のサイトの手順に沿ってフォントをダウンロードします。
サイトに設置したのち次の CSS を追加することで使用可能です。

CSS

```css
@font-face {
  font-family: 'Material Icons';
  font-style: normal;
  font-weight: 400;
  src: url(https://example.com/MaterialIcons-Regular.eot); /* For IE6-8 */
  src: local('Material Icons'),
    local('MaterialIcons-Regular'),
    url(https://example.com/MaterialIcons-Regular.woff2) format('woff2'),
    url(https://example.com/MaterialIcons-Regular.woff) format('woff'),
    url(https://example.com/MaterialIcons-Regular.ttf) format('truetype');
}

.material-icons {
  font-family: 'Material Icons';
  font-weight: normal;
  font-style: normal;
  font-size: 24px;  /* Preferred icon size */
  display: inline-block;
  line-height: 1;
  text-transform: none;
  letter-spacing: normal;
  word-wrap: normal;
  white-space: nowrap;
  direction: ltr;

  /* Support for all WebKit browsers. */
  -webkit-font-smoothing: antialiased;
  /* Support for Safari and Chrome. */
  text-rendering: optimizeLegibility;
```

⤷ 次ページに続く

```
    /* Support for Firefox. */
    -moz-osx-font-smoothing: grayscale;

    /* Support for IE. */
    font-feature-settings: 'liga';
}
```

どちらかの方法で設置が完了したら、次のアイコンライブラリから使用するアイコンを選択します。

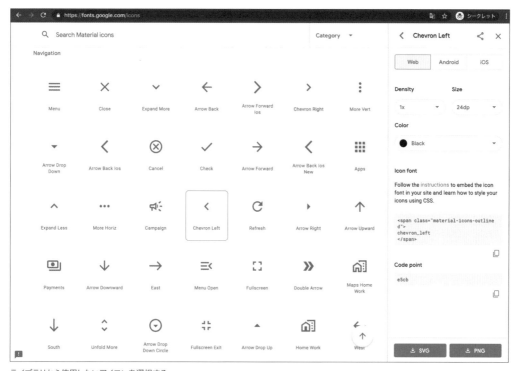

ライブラリから使用したいアイコンを選択する

```
<span class="material-icons">chevron_left</span>
<span class="material-icons">chevron_right</span>
```

このように比較的簡単に使用することができますのでアイコンフォントの使い方も覚えておきましょう。

HTML

```html
<div class="c-pagenavi">
  <p class="c-pagenavi_title">100件中  11 - 20件表示</p>
  <div class="c-pagenavi_body">
  <!-- .is-paginavi-disabledを追加 -->
    <a class="c-pagenavi_prev" rel="prev" href=""><span class="material-icons">chevron_
left</span></a>
    <span class="is-pagenavi_current">1</span>
    <a class="c-pagenavi_item" href="">2</a>
    <a class="c-pagenavi_item" href="">3</a>
    <a class="c-pagenavi_item" href="">4</a>
    <span class="c-pagenavi_extend">...</span>
    <a class="c-pagenavi_item" href="">10</a>
    <a class="c-pagenavi_next" rel="next" href=""><span class="material-icons">chevron_
right</span></a>
  </div>
</div>
```

CSS

```css
.c-pagenavi {
  margin-bottom:20px;
  text-align: center;
}

@media only screen and (min-width: 767px) {
  .c-pagenavi {
    margin-bottom: 30px;
  }
}

.c-pagenavi_title {
  font-size: 12px;
  margin-bottom: 20px;
}

.c-pagenavi_body {
  display: flex;
  flex-flow: row wrap;
  justify-content: center;
}

.is-pagenavi_current,
.c-pagenavi_item,
.c-pagenavi_extend,
.c-pagenavi_prev,
.c-pagenavi_next {
  line-height: 28px;
  display: block;
  min-width: 30px;
  height: 30px;
  margin-right: -1px;
  margin-bottom: 10px;
  padding-right: 4px;
  padding-left: 4px;
  transition: all 150ms ease;
  text-align: center;
```

⤷ 次ページに続く

```
  text-decoration: none;
  color: rgba(0,0,0,0.6);
  border: 1px solid #DEDEDE;
  background-color: #fff;
}

.is-pagenavi_current,
.c-pagenavi_item:hover {
  text-decoration: none;
  color: #fff;
  border: 1px solid #DEDEDE;
  background-color: #00BCD4;
}

.c-pagenavi_extend {
  border-top-width: 0;
  border-bottom-width: 0;
}

/* 左右アイコン */
.c-pagenavi_prev,
.c-pagenavi_next {
  background-color: #B2EBF2;
}
.c-pagenavi_prev {
  margin-right: 16px;
}
.c-pagenavi_next {
  margin-left: 16px;
}

.c-pagenavi_prev .material-icons,
.c-pagenavi_next .material-icons {
  font-size: 14px;
  line-height: inherit;
  height: inherit;
}
```

応用

ページャーの応用デザイン、非活性のリンクをグレーにしている例

先頭 1 ページ目のときに、戻るリンクを薄いグレー表示にしたい場合はどのようにすると良いでしょうか。

戻るリンクがない場合は表示しないというのもよいですが、今回は表示自体は残して、無効な要素を意味する **disabled** としてみます。

対象となるクラスは前後のリンクの **.c-pagenavi_prev** と **.c-pagenavi_next** になります。**disabled** にしたい要素に HTML の **disabled** 属性と次のようなクラスをつけ装飾を追加することで表現します。

```
<div disabled class="is-paginavi-disabled"></div>
```

具体的には CSS でカーソルでの操作を受け付けない状態に変更し、**a** タグを **span** タグへと変更しています。

cursor（https://developer.mozilla.org/ja/docs/Web/CSS/cursor）

```
cursor: not-allowed;
```

```
<a href="" class="c-pagenavi_prev" rel="prev" href=""><span class="material-icons">chevron_
left</span></a>
```

```
<span class="c-pagenavi_prev is-paginavi-disabled" disabled rel="prev" href=""><span
class="material-icons">chevron_left</span></span>
```

a タグのままでも **pointer-events** を使用することでリンクを無効化することが可能です。

しかし、**pointer-events** はマウスポインターによる操作の無効化をすることはできますが、キーボード操作のエンターキークリックは無効化することはできませんので使用時は注意が必要です。

```
pointer-events: none;
```

pointer-events（https://developer.mozilla.org/ja/docs/Web/CSS/pointer-events）

このような理由から今回は **a** タグを **span** に変更して不要なリンクをなくすようにします。

HTML

```
<div class="c-pagenavi">
<p class="c-pagenavi_title">100件中  11 - 20件表示</p>
<div class="c-pagenavi_body">
  <!-- .is-paginavi-disabledを追加 -->
  <span class="c-pagenavi_prev is-paginavi-disabled" rel="prev" disabled><span
class="material-icons">chevron_left</span></span>
  <span class="is-pagenavi_current">1</span>
  <a class="c-pagenavi_item" href="">2</a>
  <a class="c-pagenavi_item" href="">3</a>
  <a class="c-pagenavi_item" href="">4</a>
  <span class="c-pagenavi_extend">...</span>
  <a class="c-pagenavi_item" href="">10</a>
  <a class="c-pagenavi_next" rel="next" href=""><span class="material-icons">chevron_right</
span></a>
</div>
</div>
```

CSS

```
.is-paginavi-disabled, /* 追加 */
.is-pagenavi_current,
.c-pagenavi_item,
.c-pagenavi_extend,
.c-pagenavi_prev,
.c-pagenavi_next {
  line-height: 28px;
  display: block;
  min-width: 30px;
  height: 30px;
  margin-right: -1px;
  margin-bottom: 10px;
  padding-right: 4px;
  padding-left: 4px;
  transition: all 150ms ease;
  text-align: center;
  text-decoration: none;
  color: rgba(0,0,0,0.6);
  border: 1px solid #DEDEDE;
  background-color: #fff;
}

/* 追加 */
.is-paginavi-disabled {
  cursor: not-allowed;
  opacity: 0.6;
  background-color: #EEEEEE;
}
```

4

4-8-5　カード

完成デザイン

カードの完成デザイン

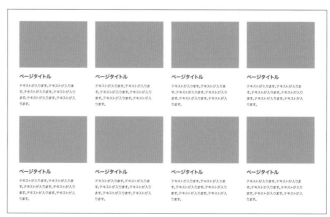

カラム表示の場合

イメージコーディング

デザインを見ると画像があり見出し、概要文と続いているようです。

ここでは画像があり下にテキストが続くものをカードと呼ぶようにします。

小さい画像が入った場合を考えてセンター揃えまたは画像を 100% 表示にしておくのがよいでしょう。また、デザインを見ると 4 カラムレイアウトになっていますね。

サイト全体を確認するでも確認しましたがこのような場合、カードの装飾とカラムの段組レイアウトは分離して考えるのがよいです。ここではカードの説明に集中して、4 カラムレイアウトはカードの説明後に説明します。気をつけるポイントとしては、カードにリンクが入る場合、どの要素がリンクになるのかを考えておくとよいでしょう。

実際のコーディング

次のようにコーディングしました。

枠に **div** を使い画像とテキストの部分で大きくわけることにしました。

画像は **figure** タグで指定しています。見出しの箇所は **h3** タグで指定しましたが、使う場所によっては **h2** や **p** など別のタグになるかもしれません。

別タグになる可能性も想定しておくとよいでしょう。

タグの変更があった場合を想定して崩れないように注意する

```
<h3 class="c-card_title">ページタイトル</h3>
```

```
<p class="c-card_title">ページタイトル</p>
```

また、小さい画像の場合を考え、画像は横幅 100% で表示するため次のように指定しました。

```
.c-card_img img {
  width: 100%;
  height: auto;
}
```

カード全体リンクの場合は **.c-card** 直下に **a** タグを入れるようにします。

この場合、直下セレクタを使用して次のように指定するのもよいですが、より安全性を考えて **.c-card_link** というクラスを **a** タグへ追加しました。

これは、CMS や別のシステムに組み込んだ場合に直下セレクタや隣接セレクタなど入れ子構造も HTML 構造に依存していると適用されないことがあるからです。

直下セレクタや隣接セレクタを使用する場合は注意して使うようにしましょう。

```
.c-card > a { }
```

```
.c-card_link {}
```

HTML

```
<div class="c-card">
<a href="" class="c-card_link">
  <figure class="c-card_img"><img src="/assets/img/dummy/card.png" width="344" height="229"
alt=""></figure>
  <div class="c-card_body">
    <h3 class="c-card_title">ページタイトル</h3>
    <p class="c-card_text">テキストが入ります。テキストが入ります。テキストが入ります。テキストが入ります。テキストが入ります。
テキストが入ります。</p>
  </div>
</a>
</div>
```

CSS

```
.c-card {
  margin-right: auto;
  margin-bottom: 20px;
  margin-left: auto;
}

.c-card_link,
.c-card > a {
  display: block;
  height: 100%;
}

@media only screen and (min-width: 767px) {
  .c-card {
    margin-bottom: 30px;
  }
}

.c-card_link:hover,
.c-card > a:hover {
  transition: all 150ms ease;
  text-decoration: none;
  opacity: 0.6;
}

.c-card a {
  color: inherit;
}

.c-card_img {
  width: auto;
  margin-right: auto;
  margin-left: auto;
  text-align: center;
}

.c-card_img img {
  width: 100%;
  height: auto;
  aspect-ratio: attr(width) / attr(height);
}
```

⤷ 次ページに続く

340

```
.c-card_title,
.c-card_text {
  margin-bottom: 0.3rem;
}

.c-card_title {
  font-size: 20px;
  font-weight: bold;
  line-height: 1.4;
  margin-bottom: 20px;
}

.c-card_text {
  font-size: 14px;
  line-height: 1.7;
}
```

応用

ページタイトル

テキストが入ります。テキストが入り
ます。テキストが入ります。テキスト
が入ります。テキストが入ります。テ

カードの応用デザイン、小さい画面で横並びにしている例

スマートフォンの時は画像とテキストを横並びに表示させたい場合はどのようにすると良いでしょうか。

スマートフォン幅の場合は **flexbox** を使い画像とテキストを横並びにしたいと思います。

具体的には **.c-card** と **.c-card_link** を **display: flex;** とします。

メディアクエリを使い、幅によって **display: block;** を適用させることで画像の縦横並びを切り替えます。

HTML

同じ

CSS

```css
.c-card {
  display: flex;
  margin-right: auto;
  margin-bottom: 20px;
  margin-left: auto;
  text-decoration: none;
}

.c-card_link,
.c-card > a {
  display: flex;
  height: 100%;
}

@media only screen and (min-width:767px) {
  .c-card {
    display: block;
    margin-bottom: 30px;
  }
  .c-card_link,
  .c-card > a {
    display: block;
  }
}

.c-card_img {
  width: 120px;
  min-width: 120px;
  margin-right: 16px;
  text-align: center;
}

@media only screen and (min-width: 767px) {
  .c-card_img {
    width: auto;
    margin-right: auto;
    margin-left: auto;
  }
}
```

4カラムレイアウト

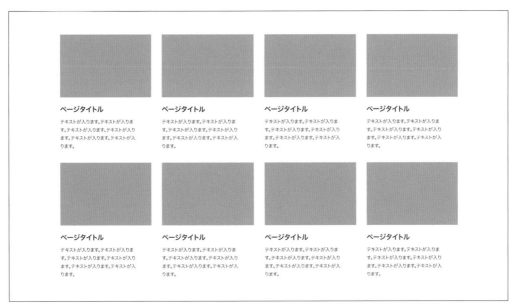

4 カラムのカードの完成デザイン

イメージコーディング

あらためて4カラムのデザインを見てみます。

カート型のデザインは段組レイアウトとセットになっている場合が多いですがコンポーネントにレイアウトに関する情報を持たせることは汎用的ではありません。

このような場合はコンポーネントとレイアウトは分けて考えた方が良いので次のようにコーディングします。ここでは段組レイアウト用に **flexbox** を使用してユーティリティクラスの **is-grid** を作成していきます。

段組のように繰り返し同じ要素を配置する場合、子の要素の左右に均等の余白を設定し、親の要素に左右の幅分マイナスマージンを指定することで数が増えた場合でも気にすることなく綺麗に収めることができます。また、**px** のまま使用すると縮小時に崩れてしまいますので％に変換する必要があります。

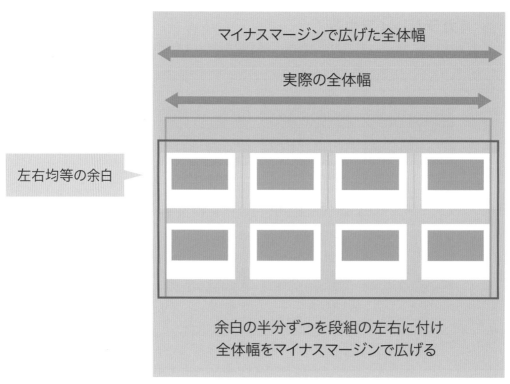

左右の余白を揃える

段組の余白をpxから%へ変換する

計算式

(余白 ÷ 2) ÷ 段組全体幅 × 100% = 余白の%値

Sass計算式

div(div(余白 , 2) , 段組全体幅) * 100% = 余白の%値

段組の幅をpxから%へ変換する

計算式

(100 ÷ 段組の数) - (余白の%値 × 2)

Sass計算式

div(100 , 段組の数) - (余白の%値 * 2)

これをデザインに当てはめると次の計算になります。

```
$grid_gap :div(div(32 , 2) , 1192) * 100%
$grid_width :div(100 , 2) - ($grid_gap * 2)
```

実際のコーディング

次のように **is-grid-4to1 > is-grid** とコーディングしました。

これで段組とカードを分離することができました。

このようにあらかじめ決まった段組を作る場合は子要素に数値の情報を入れず親の要素に入れることで修正が入った場合や使い回す場合の変更箇所が少なくてすみます。

HTML
```
<div class="is-grid-4to1">
  <div class="is-grid"></div>
  <div class="is-grid"></div>
  <div class="is-grid"></div>
  <div class="is-grid"></div>
  <div class="is-grid"></div>
</div>
```

CSS
```
/*
$grid_gap :div(div(32 , 2) , 1192) * 100%;
$grid_width :div(100 , 4) - ($grid_gap * 2);
*/

@media only screen and (min-width: 767px) {
 .is-grid-4to1 {
  margin-right: -1.342281879%; /* -$grid_gap */
  margin-left: -1.342281879%; /* -$grid_gap */
  display:flex;
  align-items:stretch;
  flex-wrap:wrap
 }
 .is-grid-4to1 .is-grid {
  margin-right: 1.342281879%; /* $grid_gap */
  margin-left: 1.342281879%; /* $grid_gap */
  flex:0 0 22.315436242%; /* $grid_width */
 }
}
```

しかし、段組の数が変化した場合はどうでしょう。毎回計算式を入力してもよいですが、少し手間になりそうです。そこで計算式は同じですので、幅や数の値を入れ替えて使用できるように段組用の **mixin** を作ることにします。

ここでは小数第二位で切り捨てたいため Sass の演算 **math.floor** を使っています。100 を掛けて小数第二位までを整数にし、**math.floor** を使い小数点を切り捨てます。

その後 100 で割ることで小数第二位の数値へ戻しています。

このままでは、少し読みづらくなってしまいますので、割り算である **math.div** の箇所を一度別の変数で計算して使用するようにしています。

https://sass-lang.com/documentation/modules/math

```
@mixin grid($className:'.is-grid', $col:4, $w:940, $g:32) {

$g_ratio : math.div(math.div($g, 2), $w);
$col_ratio : math.div(100 , $col);

$grid_gap :    math.div(math.floor(($g_ratio * 100%) * 100), 100);
$grid_width : math.div(math.floor(($col_ratio - ($grid_gap * 2)) * 100),100);

  margin-right: - $grid_gap;
  margin-left: - $grid_gap;
  display: flex;
  align-items: stretch;
  flex-wrap: wrap;
  #{$className} {
  margin-right: $grid_gap;
  margin-left: $grid_gap;
  flex: 0 0 (100/ $col) - ($grid_gap * 2);
  }
}
```

次のように使用することができます。

```
@include grid(段組のクラス名, 段組の数, 段組の全体幅, 段組の余白);
```

```scss
@media only screen and (min-width: 767px) {
  .is-grid-4to1 {
    @include grid('.is-grid', 4, 1192, 32);
  }
}
```

コンパイル

```css
@media only screen and (min-width: 767px) {
  .is-grid-4to1 {
    margin-right:-1.34%;
    margin-left:-1.34%;
    display:flex;
    align-items:stretch;
    flex-wrap:wrap;
  }
  .is-grid-4to1 .is-grid {
    margin-right:1.34%;
    margin-left:1.34%;
    flex:0 0 22.32%;
  }
}
```

さらにスマートフォンで2カラムの場合は次のように指定することも可能です。

このように汎用性の高いグリッドと **mixin** が作成できました。

この場合、**display:flex;** など重複するコードがありますが、今回はこのまま進めたいと思います。気になる場合は **mixin** を改良してみてください。

```scss
.is-grid-4to2 {
  @include grid('.is-grid', 2, 344, 20);
}
@media only screen and (min-width: 767px) {
  .is-grid-4to2 {
    @include grid('.is-grid', 4, 1192, 32);
  }
}
```

まとめ

これでサンプルのコーディングは完了です。

ここまでレイアウト、エレメント、コンポーネントを作成しました。

次はこれら部品を組み合わせることにより個別ページを作成し、必要であればページごとの調整をするとトップページで使うパーツが揃ってきますので、最後にトップページを作成する流れが良いでしょう。

その後、最終調整や各種チェックを行い Web サイトのコーディングが完成します。

ここでは個別ページ、トップページの解説はありませんが、サンプルデータの完成サイトを参考にチャレンジしてみてください。

いかがだったでしょうか。同じパターンの繰り返しのような箇所もあったと思います。

新しいパーツが増えても、基本的な考え方や進め方は変わりません。

このようにデザインは違っても本質的な構造は似ていることが多いです。

パーツの構造さえ理解できれば、実は同じで使いまわせる部分というのがあったりします。

数をこなせばノウハウも溜まり、瞬時に判断できるようになることで短時間でクオリティの高いものを作成できるようになりますので一つずつ確実に作業を進めるようにしましょう。

おわりに

仕事をしていてうれしい瞬間というものがあります。

デザイン通りコーディングできたとき。

デザイナーから頼りにされたとき。

追加で後から修正が入ってきた際、うまく対応できたとき。

依頼主であるお客様に感謝されたとき。

このような小さな喜びのつながりが、仕事のモチベーションに繋がっています。

コーディングは、地道な作業です。

コーディングルールを考え、テンプレートを作成、デザイン通りに表示されるよう試行錯誤を繰り返す。

一歩一歩進む場合もあれば、一進一退を繰り返しながら踏ん張る場合もあります。

しかし、コーダーはデータをデザイナーからもらい、コーディングデータを次のエンジニアに渡すという重要な使命があります。

コーディングが完了しなければ、プロジェクト全体が進まないのです。

そのためには、着実な知識と CSS 設計で効率よく作業をする必要があります。

コーディング作業は 1 人で担当することもありますが、常にチームで作業しているということを忘れないようにしています。

1 人で作業していてもチームで協力し合うと、思いがけない発見や喜びが多いものです。

昨今、CSS コーディングもプログラミング要素が増えてきました。

Sass や webpack など便利に使える分、覚えることは以前より多くなり、ひと昔前よりも難しくなってきたように感じます。

コーダーは、知識だけではなく、そのような変化に柔軟に対応できる力も必要になってきているのではないでしょうか。

また、現在の Web サイトは複雑化しており、1 人で作業を担当することは少なくなり、チームで作業することが多いと感じます。

これからはチームでコミュニケーションを取りながら、自分と周囲の人と共に知識をアップデートしていくことが大事だと思います。

この本が、手に取ってくださった皆様にとってコーディングの次のステップの足がかりになれれば、本当にうれしいです。

田村 章吾

索引

索引

著者プロフィール

田村 章吾（たむら しょうご）
ましじめ株式会社 代表。
HTML&CSS コーダー。
福岡県北九州市在住。
物の構造やバックグラウンドを見ることが好きで、自動車整備士の道へ。 その後デジタルハリウッドで Web サイトの制作を学び Web 業界に転職。
制作会社、フリーランスを経て、ましじめ株式会社を設立。
プロジェクトでは主にフロントエンド開発から CMS を利用した Web サイト制作を担当する。
サイトのメンテナンス、CMS 構築の情報設計や大規模サイトの CSS 設計を得意とする。

https://twitter.com/tamshow_
https://masizime.com

編集者プロフィール

樋山 淳（ひやま じゅん）
広告デザイン会社からソフトウェア会社、出版社を渡り歩き、企画・編集会社である株式会社三馬力を2010年に起業。現在は書籍企画、編集者、テクニカルライターを兼務し、ディレクター兼コーダーとしてWebサイトの構築、運用も行っている。
https://3hp.me

STAFF

編集・DTP	株式会社三馬力
カバーデザイン	霜崎 綾子
本文デザイン	Concent,Inc.（深澤 充子）
編集部担当	角竹 輝紀

現場のプロから学ぶCSSコーディングバイブル

2021年8月31日　初版第1刷発行

著者	田村 章吾
発行者	滝口 直樹
発行所	株式会社マイナビ出版
	〒101-0003　東京都千代田区一ツ橋2-6-3　一ツ橋ビル 2F
	TEL：0480-38-6872（注文専用ダイヤル）
	TEL：03-3556-2731（販売）
	TEL：03-3556-2736（編集）
	E-Mail：pc-books@mynavi.jp
	URL：https://book.mynavi.jp

印刷・製本　株式会社ルナテック